高等职业教育土木建筑类专业教材

建筑工程概预算实务

主 编 郭 靖 田 颖

北京理工大学出版社
BEIJING INSTITUTE OF TECHNOLOGY PRESS

内容提要

本书根据高等职业教育培养技能型人才的目标，并结合编者多年教学经验编写而成。全书共分为10个项目，主要内容包括土方工程清单工程量计算；砌筑工程清单工程量计算；混凝土工程清单工程量计算；钢筋工程清单工程量计算；屋面及防水工程，防腐、保温、隔热工程清单工程量计算；门窗工程、楼地面工程清单工程量计算；墙柱面工程、天棚工程清单工程量计算；综合单价及分部分项工程费计算；措施项目费计算；投标报价编制。此外，为方便学习，本书还配有相应的工程图纸。

本书可作为高职高专院校工程造价类相关专业教材，也可作为工程造价计价人员工作参考资料。

图书在版编目（CIP）数据

建筑工程概预算实务 / 郭靖，田颖主编 .—北京：北京理工大学出版社，2023.1 重印

ISBN 978-7-5682-2941-8

Ⅰ . ①建…　Ⅱ . ①郭… ②田…　Ⅲ . ①建筑概算定额 ②建筑预算定额　Ⅳ . ① TU723.34

中国版本图书馆 CIP 数据核字 (2016) 第 197428 号

出版发行 / 北京理工大学出版社有限责任公司

社　址 / 北京市海淀区中关村南大街 5 号

邮　编 / 100081

电　话 / （010）68914775（总编室）

（010）82562903（教材售后服务热线）

（010）68944723（其他图书服务热线）

网　址 / http：//www.bitpress.com.cn

经　销 / 全国各地新华书店

印　刷 / 北京紫瑞利印刷有限公司

开　本 / 787 毫米 ×1092 毫米　1/16

印　张 / 7.5

字　数 / 132 千字

版　次 / 2023 年 1 月第 1 版第 5 次印刷

定　价 / 39.00 元（含配套工程图）

责任编辑 / 江　立

文案编辑 / 瞿义勇

责任校对 / 周瑞红

责任印制 / 边心超

前　言

《建筑工程概预算实务》是工程造价专业进行岗位能力培养的一门专业实践教材，本课程针对人才需求组织教学内容，按照工作过程设计教学环节，充分考虑了职业教育的教学特点，将知识的学习融入项目训练过程中，体现了“学习内容是工作，通过工作实现学习”的工学结合课程特色，实现了行动、认知、情感的统一。

本教材包括土方工程清单工程量计算；砌筑工程清单工程量计算；混凝土工程清单工程量计算；钢筋工程清单工程量计算；屋面及防水工程，防腐、保温、隔热工程清单工程量计算；门窗工程、楼地面工程清单工程量计算；墙柱面工程、天棚工程清单工程量计算；综合单价及分部分项工程费计算；措施项目费计算；投标报价编制。此外，为方便学习，本书还配有相应的工程图纸。

本教材可按60学时安排实训，编者推荐每个项目6学时，教师可根据不同的教学情况灵活安排学时，课堂重点强调实训任务安排、要求等，具体实训内容由学生结合实训课程的学习内容及任务要求完成，老师针对部分问题进行个别指导。本教材注重理论与实践相结合，教师可以根据具体专业灵活组织实训教学，并选取适当的工程项目课题。

本教材由陕西工业职业技术学院郭靖、田颖担任主编。此外，广联达公司为本书编写提供了大量资料，在此表示感谢！

由于编写时间仓促，编者水平有限，书中难免存在不足和疏漏，敬请同行、专家和广大读者，批评指正。

编　者

目　录

绪　论

《建筑概预算实训》是工程造价专业的重要实践性教学环节，学生在学习建筑概预算与工程量清单的基础上，通过实训，初步掌握单位工程施工图预算的编制方法和步骤。根据所学的预算编制原理、编制方法，进行分部分项工程量的计算和建安造价的确定。本课程将理论教学与实际操作相结合，着重培养学生的动手能力和分析、解决实际问题的能力，为学生以后的工作打下良好的基础。

1．实训准备

（1）发放建筑概预算综合实训报告；

（2）确定实训分组，确定小组组长；

（3）明确实训任务；

（4）安排实训日程；

（5）要求实训纪律；

（6）说明实训报告填写及工程量计算要求；

（7）说明实训成绩评定细则；

（8）指导教师讲解，让学生熟悉图纸，了解工程概况，掌握工程图纸结构类型；

（9）准备实训所需工具书：陕西省建设工程工程量清单计价规则、陕西省建筑（含装饰）工程消耗量定额、陕西省建设工程工程量清单计价费率、陕西省建筑装饰工程价目表等。

2．课程目标

（1）知识目标

A1．熟悉图纸识读方法及技巧；

A2．掌握土方工程工程量计算规则；

A3．掌握砌筑工程工程量计算规则；

A4．掌握混凝土工程工程量计算规则；

A5．掌握钢筋工程工程量计算规则；

A6．掌握屋面及防水工程，防腐、保温、隔热工程工程量计算规则；

A7．掌握门窗工程、楼地面工程工程量计算规则；

A8．掌握墙柱面工程、天棚工程工程量计算规则；

A9．熟悉工程量清单格式、内容及编制方法；

A10．掌握综合单价、分部分项工程费用计算方法；

A11．掌握措施项目费用计算方法；

A12．掌握投标报价的编制方法。

（2）能力目标

B1．能够快速、准确地找到与计算相关的图纸信息；

B2．能够熟练计算土方工程清单工程量；

B3．能够熟练计算砌筑工程清单工程量；

B4．能够熟练计算混凝土工程清单工程量；

B5．能够熟练计算钢筋工程清单工程量；

B6．能够熟练计算屋面及防水工程，防腐、保温、隔热工程清单工程量；

B7．能够熟练计算门窗工程、楼地面工程清单工程量；

B8．能够熟练计算墙柱面工程、天棚工程清单工程量；

B9．能够熟练地列出工程量清单；

B10．能够根据计价方法正确取费，计算综合单价及分部分项工程费；

B11．能够熟练计算措施项目费；

B12．能够计算投标报价，编制完整的单位工程施工图预算书。

（3）素质目标

C1．具有严谨、细致的职业素质与团队精神；

C2．具备独立编制施工图预算的能力；

C3．具备独立分析和解决问题的能力。

3．任务及安排

序号	教学任务或项目	教学内容			实践学时
		知识	能力	素质	
1	土方工程清单工程量计算	A1，A2，A9	B1，B2，B9	C1，C2，C3	6
2	砌筑工程清单工程量计算	A3，A9	B3，B9	C1，C2，C3	6

续表

序号	教学任务或项目	教学内容			实践学时
		知识	能力	素质	
3	混凝土工程清单工程量计算	A4，A9	B4，B9	C1，C2，C3	6
4	钢筋工程清单工程量计算	A5，A9	B5，B9	C1，C2，C3	6
5	屋面及防水工程，防腐、保温、隔热工程清单工程量计算	A6，A9	B6，B9	C1，C2，C3	6
6	门窗工程、楼地面工程清单工程量计算	A7，A9	B7，B9	C1，C2，C3	6
7	墙柱面工程、天棚工程清单工程量计算	A8，A9	B8，B9	C1，C2，C3	6
8	综合单价及分部分项工程费计算	A10	B10	C1，C2，C3	6
9	措施项目费计算	A11	B11	C1，C2，C3	6
10	投标报价编制	A12	B12	C1，C2，C3	6
合计		60			60

4. 考核标准

（1）学生成绩以实训报告、实训纪律及实训过程中的表现为基准，分为五个等级：优秀、良好、中等、及格、不及格。

（2）日常考勤、纪律占实训周成绩的50%，实习报告完成情况占实训周成绩的50%。

（3）无缺勤、实训任务完成优秀，实训成绩评定为优秀。

（4）缺勤3个学时以下，实训任务完成良好，实训成绩评定为良好。

（5）缺勤3个学时以下，实训任务完成中等，实训成绩评定为中等。

（6）缺勤3个学时以下，实训任务完成一般，实训成绩评定为及格。

（7）缺勤3个学时以上，实训表现差，不能按时完成实训报告等，实训成绩评定为不及格。

5. 成果形式

（1）编制分部分项工程量清单。

（2）编制分部分项工程量清单综合单价组价表。

（3）编制分部分项工程量清单计价表。

（4）编制措施项目费分析表。

（5）编制单位工程投标报价汇总表。

项目1　土方工程清单工程量计算

1.1　实训技能要求

1.1.1　知识要求

（1）了解土方工程的内容组成和施工工艺；

（2）熟悉图纸识读方法及技巧；

（3）理解工程量清单的格式、内容及编制方法；

（4）掌握土方工程清单工程量与定额工程量的计算方法。

1.1.2　能力要求

（1）能够熟练地计算基本基数；

（2）能够快速、准确地找到与计算相关的图纸信息；

（3）能够对土方工程进行项目划分并列项；

（4）能够准确计算土方工程的定额工程量与清单工程量；

（5）能够熟练列出土方工程工程量清单。

1.1.3　素质要求

（1）具备良好的观察力和逻辑判断力；

（2）具有严谨、细致的工作作风；

（3）具备独立完成土方工程工程量计算的职业素质。

1.2　实训内容

完成附图中土方工程定额工程量与清单工程量的计算，编制土方工程工程量清单。

1.2.1　实训步骤

（1）识读建筑工程施工图纸，了解整个工程全貌；

（2）计算基本基数；

（3）计算平整场地的清单工程量与定额工程量；

（4）计算挖基础土方的清单工程量与定额工程量；

（5）计算土石方回填的清单工程量与定额工程量；

（6）编制土方工程工程量清单。

1.2.2　知识链接

1．基本基数的计算

基数是指在工程量计算过程中，许多项目的计算都反复用到的一些基本数据。其主要有以下几种：

（1）外墙中心线（$L_{中}$）。

外墙中心线是指围绕建筑的外墙中心线长度之和。

当外墙厚度为240 mm时，外墙中心线就是外墙中轴线。

$$L_{中}=\sum L_{中轴线}=（长+宽）\times 2$$

（2）外墙外边线（$L_{外}$）。

外墙外边线是指外墙外侧与外侧之间的距离。

$$L_{外}=L_{中}+4\times 外墙厚$$

（3）内墙净长线（$L_{内}$）。

内墙净长线是指内墙与外墙（内墙）交点之间的距离。

$$L_{内}=外墙定位轴线长-墙定位轴线至所在墙体内侧的距离$$

（4）底层建筑面积（$S_{底}$）。

底层建筑面积是指建筑物底层建筑面积，即建筑物外墙勒脚以上结构围成的外围水平面积。

（5）首层净面积（$S_{净}$）。

首层净面积是指建筑物首层主墙间的净面积。

$$S_{净}=S_{底}-墙所占面积=S_{底}-L_{中}\times 外墙厚度-L_{内}\times 内墙厚度$$

2．平整场地清单工程量计算

（1）清单项目编码：010101001。

（2）适用范围：适用于建筑场地厚度在±30 cm以内的挖、填、运、平。

（3）清单项目特征：土壤类别；弃土运距；取土运距。

（4）工程内容：土方挖填；场地找平；运输。

（5）清单工程量计算规则：按设计图示尺寸以建筑物首层面积计算，计量单位为m^2。

首层面积是指建筑物首层所占面积，不一定等于首层建筑面积。首层面积应按建筑物外墙外边线计算。落地阳台计算全面积，悬挑阳台不计算面积。

3．平整场地定额工程量计算

平整场地定额工程量以建筑物底面积的外边线每边各增加2 m，以m^2计算。

平整场地的计算公式：

$$S_{平}=S_{底}+2\times L_{外}+16$$

式中　$S_{底}$——建筑物底层建筑面积；

$L_{外}$——建筑物外墙外边线长。

4．挖基础土方清单工程量计算

（1）清单项目编码：010101003。

（2）适用范围：适用于带形基础、独立基础、满堂基础及设备基础、人工挖孔桩等的室外设计地坪以下的土方开挖，并包括指定范围内的土方运输。

（3）清单项目特征：土壤类别；基础类型；垫层宽、底面积；挖土深度；弃土运距。

（4）工程内容：排地表水；土方开挖；支、拆挡土板；基底钎探；截桩头；运输。

（5）清单工程量计算规则：按设计图示尺寸以基础垫层底面积乘以挖土深度以体积计算，计量单位为m^3。

$$V=基础垫层长\times基础垫层宽\times挖土深度$$

外墙基础垫层长取外墙中心线长，内墙基础垫层长取内墙基础垫层净长。

5．放坡系数

开挖土方时，为了保证土壁稳定和安全，防止出现土壁坍塌，采用放坡或支撑是有效的方法。由于放坡形式简单，因此常采用放坡的方法，放坡坡度用开挖深度H和边坡宽度B之比表示，即

$$土方边坡坡度=H/B=1/K$$

式中　K——放坡系数，$K=B/H$。

当挖土深度超过一定深度（放坡起点高度）时，应计算放坡，且不分土壤类别，均按表1-1计算工程量。

表1-1　放坡系数

放坡起点/m	放坡系数
1.5	1∶0.3

6. 工作面

工作面指一个人或一台机械，按正常工作效率所能负担的工作区域或操作所需的空间。定额中的工作面是指为了发挥正常的工作效率而需要预留的最小操作空间。对于一般工程基础施工时所需工作面按表1-2计算。

表1-2　基础施工所需工作面宽度计算表

序号	基础材料	每边各增加工作面的宽度/mm
1	砖基础	200
2	砌毛石、条石基础	150
3	混凝土基础支模板	300

7. 挖沟槽定额工程量计算

凡图示槽底宽3 m以内，且槽长大于槽宽3倍以上者为挖沟槽。挖沟槽工程量按设计要求尺寸以m^3计算。

（1）不放坡和不支挡土板挖沟槽时，如图1-1所示。

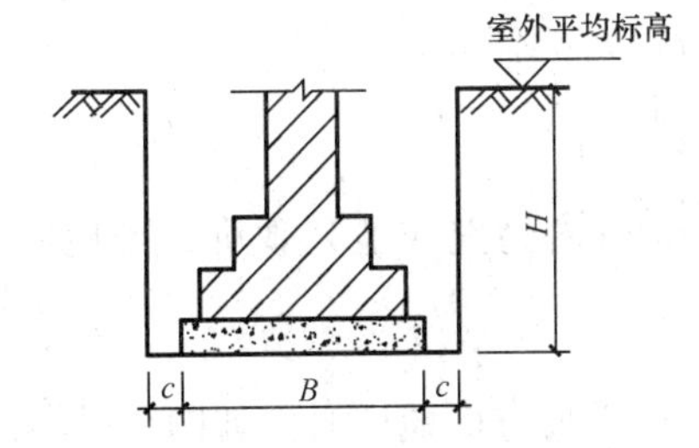

图1-1　不放坡、不支挡土板土方计算示意图

$$V=L\times(B+2c)\times H$$

式中　B——垫层宽度；

H——挖土深度；

c——工作面宽度；

L——沟槽长度，外墙沟槽长按图示尺寸中心线长计算；内墙沟槽长按图示尺寸沟槽净长计算。其突出部分应并入沟槽工程量内。

（2）双面支挡土板挖沟槽时，如图1-2所示。当设计没有挡土板宽度时，其宽度按图示沟槽底宽，单面加10 cm，双面加20 cm计算。

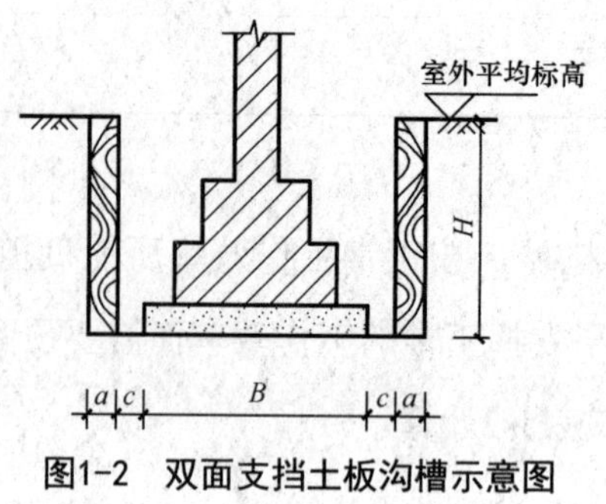

图1-2 双面支挡土板沟槽示意图

$$V=H\times(B+2c+2a)\times L$$

式中 a——挡土板宽度。其他符号含义同前。

（3）放坡挖沟槽时，如图1-3所示。

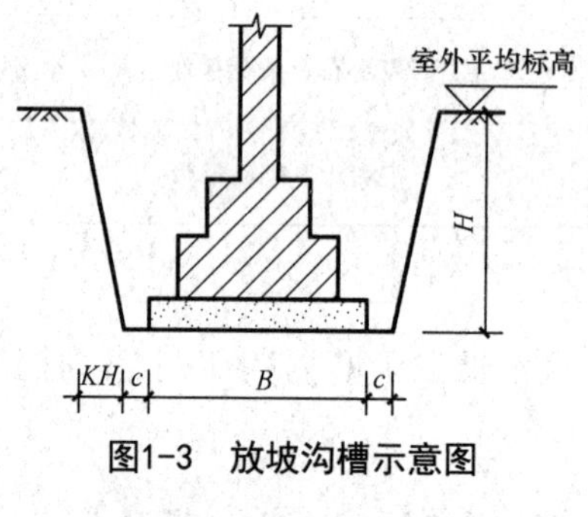

图1-3 放坡沟槽示意图

$$V=H\times(B+2C+KH)\times L$$

式中 K——放坡系数。其他符号含义同前。

8．挖地坑定额工程量计算

凡图示基坑底面积在20 m^2以内为挖（地）基坑。挖地坑工程量按设计要求尺寸以m^3计算。

放坡并带工作面，挖正方形或长方形地坑时，如图1-4所示。

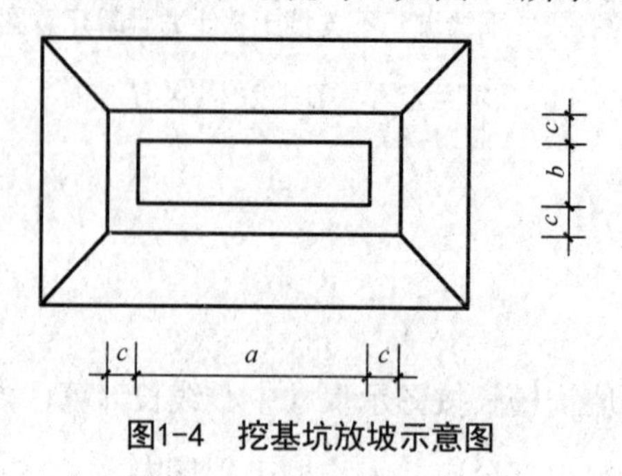

图1-4 挖基坑放坡示意图

$$V=(a+2c+KH)(b+2c+KH)h+K^2H^3/3$$

式中 a——地坑或土方底面长度；

b——地坑或土方底面宽度；

c——工作面宽度；

K——放坡系数；

H——挖土深度。

9．挖土方定额工程量计算

凡图示沟槽底宽3 m以外，坑底面积20 m^2以上，平整场地挖土方厚度在30 cm以上，均按挖土方计算。挖土方工程量按设计要求尺寸以m^3计算，计算公式与挖基坑相同。

10．土石方回填工程量计算

（1）清单项目编码：010103001。

（2）适用范围：土石方回填项目适用于场地回填、室内回填和基础回填，包括指定范围内的土方运输以及借土回填的土方开挖。

（3）清单项目特征：土质要求；密实度要求；粒径要求；夯填（碾压）；松填；运输距离。

（4）工程内容：挖土（石）方；土石方装卸、运输；回填；分层碾压、夯实。

（5）清单工程量计算规则：按设计图示尺寸以体积计算，计量单位为m^3。对于场地回填工程量按设计图示回填面积乘以平均回填厚度以体积计算；对于室内回填工程量按设计图示主墙间净面积乘以回填厚度以体积计算；对于基础回填工程量按挖土方体积减去设计室外地坪以下埋设的基础体积（包括基础垫层及其他构筑物）以体积计算。

场地回填V＝主墙间净面积×平均回填厚度

室内回填V＝主墙间净面积×回填厚度

基础回填V＝挖方体积－设计室外地坪以下埋设物（垫层、基础等）体积

（6）土石方回填项目定额工程量的计算规则同清单项目的计算规则。

11．余土或取土定额工程量计算

余土外运工程量＝挖土总体积－回填土总体积

计算的结果为正时，余土外运；为负时，取土回填。

1.3 实训成果

1.3.1 问题回答

根据相关知识点及附图，回答以下问题：

序号	问题	解答
1	根据附图，分析本工程基础形式及土方开挖方式。	
2	计算本工程外墙外边线$L_{外}$的数值。	
3	计算本工程外墙中心线$L_{中}$的数值。	
4	计算本工程内墙净长线$L_{内}$的数值。	
5	计算本工程底层建筑面积$S_{底}$的数值。	
6	计算本工程首层净面积$S_{净}$的数值。	
7	填写本工程平整场地的定额工程量（要有计算过程）。	
8	本工程挖土深度是多少？计算定额工程量时是否需要放坡？为什么？	
9	计算挖土方定额工程量时，本工程属于哪种形式的挖土方？其定额工程量是多少（要有计算过程）？	
10	填写土石方回填的定额工程量（要有计算过程）。	
11	计算余土或取土的定额工程量，并说明是余土还是取土（要有计算过程）。	

1.3.2 编制土方工程工程量清单

依据附图计算本工程中土方工程的工程量，将计算结果填入下表。

<table>
<tr><th>序号</th><th>项目编码</th><th>项目名称</th><th>计量单位</th><th>工程数量</th></tr>
<tr><td rowspan="2"></td><td></td><td></td><td></td><td></td></tr>
<tr><td>工程量计算式</td><td colspan="3"></td></tr>
<tr><td rowspan="2"></td><td></td><td></td><td></td><td></td></tr>
<tr><td>工程量计算式</td><td colspan="3"></td></tr>
<tr><td rowspan="2"></td><td></td><td></td><td></td><td></td></tr>
<tr><td>工程量计算式</td><td colspan="3"></td></tr>
<tr><td rowspan="2"></td><td></td><td></td><td></td><td></td></tr>
<tr><td>工程量计算式</td><td colspan="3"></td></tr>
<tr><td rowspan="2"></td><td></td><td></td><td></td><td></td></tr>
<tr><td>工程量计算式</td><td colspan="3"></td></tr>
<tr><td rowspan="2"></td><td></td><td></td><td></td><td></td></tr>
<tr><td>工程量计算式</td><td colspan="3"></td></tr>
<tr><td rowspan="2"></td><td></td><td></td><td></td><td></td></tr>
<tr><td>工程量计算式</td><td colspan="3"></td></tr>
<tr><td rowspan="2"></td><td></td><td></td><td></td><td></td></tr>
<tr><td>工程量计算式</td><td colspan="3"></td></tr>
<tr><td rowspan="2"></td><td></td><td></td><td></td><td></td></tr>
<tr><td>工程量计算式</td><td colspan="3"></td></tr>
<tr><td rowspan="2"></td><td></td><td></td><td></td><td></td></tr>
<tr><td>工程量计算式</td><td colspan="3"></td></tr>
<tr><td rowspan="2"></td><td></td><td></td><td></td><td></td></tr>
<tr><td>工程量计算式</td><td colspan="3"></td></tr>
</table>

项目2　砌筑工程清单工程量计算

2.1　实训技能要求

2.1.1　知识要求

（1）了解砌筑工程的内容组成和施工工艺；

（2）熟悉图纸识读方法及技巧；

（3）理解工程量清单的格式、内容及编制方法；

（4）掌握砌筑工程工程量的计算方法。

2.1.2　能力要求

（1）能够快速、准确地找到与计算相关的图纸信息；

（2）能够对砌筑工程进行项目划分并列项；

（3）能够准确计算砌筑工程的工程量；

（4）能够熟练列出砌筑工程工程量清单。

2.1.3　素质要求

（1）具有对工作精益求精的科学求实精神；

（2）具有严谨、细致的工作作风；

（3）具备独立完成砌筑工程工程量计算的职业素质。

2.2　实训内容

完成附图中砌筑工程工程量的计算，编制砌筑工程工程量清单。

2.2.1 实训步骤

（1）识读建筑工程施工图纸，了解整个工程全貌；

（2）掌握本工程砌筑工程的组成内容及施工方法；

（3）计算砖基础的工程量；

（4）计算砖外墙的工程量；

（5）计算砖内墙的工程量；

（6）计算女儿墙的工程量；

（7）编制砌筑工程工程量清单。

2.2.2 知识链接

1．砖基础工程量计算

（1）清单项目编码：010301001。

（2）适用范围：砖基础项目适用于各种类型砖基础，包括柱基础、墙基础、烟囱基础、水塔基础、管道基础。基础垫层也包括在砖基础项目内。

（3）清单项目特征：垫层材料种类、厚度；砖品种、规格、强度等级；基础类型；基础深度；砂浆强度等级。

（4）工程内容：砂浆制作、运输；铺设垫层；砌砖；防潮层铺设；材料运输。

（5）清单工程量计算规则：按设计图示尺寸以体积计算，计量单位为m^3。包括附墙垛基础宽出部分体积，扣除地圈梁、构造柱所占体积，不扣除基础大放脚T形接头处的重叠部分及嵌入基础内的钢筋、铁件、管道、基础砂浆防潮层和单个面积0.3 m^2以内的孔洞所占体积，靠墙暖气沟的挑檐不增加。

1）砖基础与墙身的划分。砖基础与墙身以设计室内地坪为界，室内地坪面以下为基础，以上为墙身。若基础与墙身使用两种不同材料时，位于设计室内地面±300 mm以内时，以不同材料为分界线；超过±300 mm时，以设计室内地面为分界线。

2）砖基础平面基本形式为条形砖基础，其工程量计算公式为

条形砖基础工程量＝（基础高度＋大放脚折加高度）×基础墙厚×基础长度

其中，基础长度：外墙按中心线长计算；内墙按净长线计算。

大放脚折加高度详见表2-1。

表2-1　砖基础大放脚折加高度表

大放脚层数	0.5砖		1砖		1.5砖		2砖	
	等高	不等高	等高	不等高	等高	不等高	等高	不等高
1	0.137	0.137	0.066	0.066	0.043	0.043	0.032	0.032
2	0.411	0.342	0.197	0.164	0.129	0.108	0.096	0.080
3	0.822	0.685	0.394	0.328	0.259	0.216	0.193	0.161
4	1.396	1.096	0.656	0.525	0.432	0.345	0.321	0.257
5	2.054	1.643	0.984	0.788	0.674	0.518	0.482	0.386
6	2.876	2.26	1.378	1.083	0.906	0.712	0.675	0.530

（6）砖基础定额工程量的计算规则同清单项目的计算规则。

2．空心砖墙、砌块墙工程量计算

（1）清单项目编码：010304001。

（2）清单项目特征：墙体类型；墙体厚度；空心砖、砌块品种、规格、强度等级；勾缝要求；砂浆强度等级、配合比。

（3）工程内容：砂浆制作、运输；砌砖、砌块；勾缝；材料运输。

（4）清单工程量计算规则：按设计图示尺寸以体积计算，计量单位为m^3。扣除门窗洞口、空圈、嵌入墙内的钢筋混凝土柱、梁、圈梁、挑梁及凹进墙内的壁龛、消火栓箱所占体积。不扣除梁头、板头、木砖、门窗走头、砖墙内加固钢筋、钢管及单个面积0.3 m^2以内孔洞所占的体积。凸出墙面的腰线、挑檐、压顶、门窗套的体积亦不增加。砖垛并入墙体体积内计算。

V=（墙长×墙高－门窗洞口面积）×墙厚－应扣除体积＋应并入体积

1）砖墙厚度的确定。标准砖砌体计算厚度可按表2-2计算。

表2-2　标准砖砌体计算厚度表

砖厚/砖	0.5	0.75	1	1.5	2
计算厚度/mm	115	180	240	365	490

2）砖墙长度的确定。外墙计算长度按中心线长度计算，内墙计算长度按净长线长度计算。

3）砖墙高度的确定。砖墙高度的起点，均以墙身与墙基的分界面开始。砖墙高度的顶点，按下列规定计算：

① 外墙墙身计算高度：坡屋面无檐口天棚者，高度算至屋面板底。有屋架且室内外均有檐口天棚者，其高度算至设计墙高顶面或屋架下弦底另加 20 cm。有屋架无天棚者算至屋架下弦底加300 mm；坡屋面有屋架，屋面出檐宽度超过 600 mm时，应按实砌高度计算。平屋面外墙计算高度算至钢筋混凝土板顶面，按平均高度计算。

② 内墙墙身计算高度：内墙位于屋架下者，其高度算至屋架下弦底；无屋架者，算至天棚再加10 cm；有钢筋混凝土楼层者，按砌体实际高度计算。有框架梁时算至梁底。若同一墙体上板厚不同时，高度可按平均高度计算。

③ 女儿墙高度：从屋面板上表面算至女儿墙顶面，如有混凝土压顶，算至压顶下表面。

（5）砖墙项目定额工程量的计算规则同清单项目的计算规则。

2.3　实训成果

2.3.1　问题回答

根据相关知识点及附图，回答以下问题：

序号	问题	解答
1	根据附图，分析本工程中砌筑工程部分应包括的计算内容有哪些？	
2	本工程中，砖基础与墙身的分界线在哪里？	

续表

序号	问题	解答
3	本工程中，计算外墙砌筑工程量时应如何列项？	
4	本工程中，女儿墙的厚度是多少？高度是多少？	
5	弧形墙应如何计算工程量？	
6	砖平碹工程量的计算规则是什么？	
7	钢筋砖过梁工程量的计算规则是什么？	

2.3.2 编制砌筑工程工程量清单

依据附图计算本工程中砌筑工程的工程量，将计算结果填入下表。

续表

<table>
<tr><th>序号</th><th>项目编码</th><th>项目名称</th><th>计量单位</th><th>工程数量</th></tr>
<tr><td rowspan="2"></td><td></td><td></td><td></td><td></td></tr>
<tr><td>工程量计算式</td><td colspan="3"></td></tr>
<tr><td rowspan="2"></td><td></td><td></td><td></td><td></td></tr>
<tr><td>工程量计算式</td><td colspan="3"></td></tr>
<tr><td rowspan="2"></td><td></td><td></td><td></td><td></td></tr>
<tr><td>工程量计算式</td><td colspan="3"></td></tr>
<tr><td rowspan="2"></td><td></td><td></td><td></td><td></td></tr>
<tr><td>工程量计算式</td><td colspan="3"></td></tr>
<tr><td rowspan="2"></td><td></td><td></td><td></td><td></td></tr>
<tr><td>工程量计算式</td><td colspan="3"></td></tr>
<tr><td rowspan="2"></td><td></td><td></td><td></td><td></td></tr>
<tr><td>工程量计算式</td><td colspan="3"></td></tr>
<tr><td rowspan="2"></td><td></td><td></td><td></td><td></td></tr>
<tr><td>工程量计算式</td><td colspan="3"></td></tr>
<tr><td rowspan="2"></td><td></td><td></td><td></td><td></td></tr>
<tr><td>工程量计算式</td><td colspan="3"></td></tr>
<tr><td rowspan="2"></td><td></td><td></td><td></td><td></td></tr>
<tr><td>工程量计算式</td><td colspan="3"></td></tr>
<tr><td rowspan="2"></td><td></td><td></td><td></td><td></td></tr>
<tr><td>工程量计算式</td><td colspan="3"></td></tr>
<tr><td rowspan="2"></td><td></td><td></td><td></td><td></td></tr>
<tr><td>工程量计算式</td><td colspan="3"></td></tr>
</table>

项目3　混凝土工程清单工程量计算

3.1　实训技能要求

3.1.1　知识要求

（1）了解混凝土工程的内容组成和施工工艺；

（2）熟悉图纸识读方法及技巧；

（3）理解工程量清单的格式、内容及编制方法；

（4）掌握混凝土工程工程量的计算方法。

3.1.2　能力要求

（1）能够快速、准确地找到与计算相关的图纸信息；

（2）能够对混凝土工程进行项目划分并列项；

（3）能够准确计算混凝土工程的工程量；

（4）能够熟练列出混凝土工程工程量清单。

3.1.3　素质要求

（1）具备良好的观察力和逻辑判断力；

（2）具有严谨、细致的工作作风；

（3）具备独立完成混凝土工程工程量计算的职业素质。

3.2　实训内容

完成附图中混凝土工程工程量的计算，编制混凝土工程工程量清单。

3.2.1 实训步骤

（1）识读建筑工程施工图纸，了解整个工程全貌；

（2）掌握本工程混凝土工程的组成内容及施工工艺；

（3）计算混凝土基础、垫层的工程量；

（4）计算混凝土柱（含框架柱、非框架柱、构造柱）的工程量；

（5）计算基础梁、框架梁、非框架梁、混凝土过梁的工程量；

（6）计算混凝土板的工程量；

（7）计算混凝土楼梯的工程量；

（8）计算混凝土台阶、散水、压顶的工程量；

（9）编制混凝土工程工程量清单。

3.2.2 知识链接

1．现浇混凝土满堂基础工程量计算

（1）清单项目编码：010401003。

（2）清单项目特征：混凝土及砂浆强度等级；混凝土拌合料要求。

（3）工程内容：铺设垫层；混凝土制作运输、浇筑、振捣养护；地脚螺栓二次灌浆。

（4）清单工程量计算规则：满堂基础均按设计图示尺寸以体积计算，计量单位为m^3。不扣除构件内钢筋、预埋铁件和伸入承台基础的桩头所占体积。

无梁式满堂基础混凝土工程量＝基础底板体积＋柱墩体积

有梁式满堂基础混凝土工程量＝基础底板体积＋梁体积

（5）现浇混凝土满堂基础定额工程量的计算规则同清单项目的计算规则。

2．现浇混凝土垫层工程量计算

（1）清单项目编码：010401006

（2）清单项目特征：混凝土及砂浆强度等级；混凝土拌合料要求。

（3）工程内容：铺设垫层；混凝土制作运输、浇筑、振捣养护；地脚螺栓二次灌浆。

（4）清单工程量计算规则：按设计图示尺寸以体积计算，计量单位为m^3。不扣除构件内钢筋、预埋铁件和伸入承台基础的桩头所占体积。

垫层工程量＝垫层截面×垫层的实际长度

对于条形基础，外墙下的基础垫层，按外墙的中心线计算；内墙下的基础垫层，按垫层的净长线计算。

（5）现浇混凝土垫层定额工程量的计算规则同清单项目的计算规则。

3．矩形柱工程量计算

（1）清单项目编码：010402001

（2）清单项目特征：柱高度；柱截面尺寸；混凝土强度等级；混凝土拌合料要求。

（3）工程内容：混凝土制作；混凝土运输；混凝土浇捣；混凝土养护。

（4）清单工程量计算规则：按设计图示尺寸以体积计算，计量单位为m^3。不扣除构件内的钢筋、预埋铁件所占的体积。柱截面按实计算，柱高按下列原则确定：

1）有梁板的柱高，自柱基或楼板上表面至上一层楼板上表面之间的高度。

2）无梁板的柱高，自柱基或楼板上表面至柱帽下表面之间的高度。

3）框架柱的柱高，自柱基上表面至柱顶高度计算。

4）构造柱按全高计算，嵌入墙体部分并入柱身体积，按矩形柱项目编码列项。

（5）现浇混凝土柱定额工程量的计算规则同清单项目的计算规则。

4．现浇混凝土梁工程量计算

（1）清单项目编码：基础梁（010403001）、矩形梁（010403002）、圈梁（010403004）、过梁（010403005）。

（2）清单项目特征：梁底标高；梁截面尺寸；混凝土强度等级；混凝土拌合料要求。

（3）工程内容：混凝土制作；混凝土运输；混凝土浇捣；混凝土养护。

（4）清单工程量计算规则：按设计图示尺寸以体积计算，计量单位为m^3。不扣除构件内的钢筋、预埋铁件等所占的体积，伸入墙内的梁头、梁垫并入梁体积内。梁长按下列原则确定：

1）梁与柱连接时，梁长算至柱内侧面；次梁与主梁连接时，次梁长算至主梁内侧面；梁端与混凝土墙相接时，梁长算至混凝土墙内侧面；梁端与砖墙交接时伸入砖墙的部分（包括梁头）并入梁内。

2）外墙上圈梁长取外墙中心线长；内墙上圈梁长取内墙净长。圈梁与主次梁或柱交接时，圈梁长度算至主次梁或柱侧面；圈梁与构造柱相交时，其相交部分的体积计入构造柱内。

3）过梁长度按设计规定计算；无设计规定时，按门窗洞口宽度两端各加250 mm计算。

（5）现浇混凝土梁定额工程量的计算规则同清单项目的计算规则。

5．现浇混凝土板工程量计算

（1）清单项目编码：有梁板（010405001）、无梁板（010405002）、平板（010405003）。

（2）清单项目特征：板底标高；板厚度；混凝土强度等级；混凝土拌合料要求。

（3）工程内容：混凝土制作；混凝土运输；混凝土浇捣；混凝土养护。

（4）清单工程量计算规则：各种现浇混凝土板工程量均按设计图示尺寸以体积计算，计量单位为m^3。不扣除构件内的钢筋、预埋铁件及单个面积0.3 m^2以内的孔洞所占体积。板的范围算至框架梁、圈梁、混凝土墙内侧。

有梁板混凝土工程量＝梁体积＋板体积

无梁板混凝土工程量＝板体积＋柱帽体积

平板混凝土工程量＝板自身体积

（5）现浇混凝土板定额工程量的计算规则同清单项目的计算规则。

6．现浇混凝土直行楼梯清单工程量计算

（1）清单项目编码：010406001。

（2）清单项目特征：混凝土强度等级；混凝土拌合料要求。

（3）工程内容：混凝土制作；混凝土运输；混凝土浇捣；混凝土养护。

（4）清单工程量计算规则：按设计图示尺寸以水平投影面积计算，计量单位为m^2。水平投影面积内不扣除宽度小于500 mm的楼梯井，伸入内墙部分不计算。楼梯水平投影面积包括休息平台、平台梁、斜梁以及楼梯与楼板连接的梁，当楼梯与现浇楼板无梯梁连接时，以楼梯的最后一个踏步边缘加300 mm为界。

7．现浇混凝土其他构件清单工程量计算

（1）清单项目编码：其他构件（010407001），散水、坡道（010407002）。其中，“其他构件”项目适用于小型池槽、压顶、扶手、垫块、台阶、门框等。

（2）清单项目特征：构件的类型；构件规格；混凝土强度等级；混凝土拌合料要求。

（3）工程内容：地基夯实；铺设垫层；混凝土制作运输、浇捣养护；填塞变形缝。

（4）清单工程量计算规则：现浇混凝土其他构件工程量计算规则如下：

1）扶手、压顶工程量按长度（包括伸入墙内的长度）计算工程量，计量单位为m。

2）台阶工程量按水平投影面积计算，计量单位为m^2。台阶与平台连接时，其分界线以最上层踏步外沿加300 mm计算。

3）散水、坡道工程量按设计图示尺寸以面积计算，计量单位为m^2。不扣除单个面积0.3 m^2以内孔洞所占面积。

$$S=（L_{外}+4×散水宽）×散水宽-台阶面积$$

8．现浇普通楼梯、台阶、压顶混凝土定额工程量计算

现浇普通楼梯、台阶混凝土的定额工程量由其清单工程量乘以表3-1的系数进行计算。

压顶的定额工程量按设计图示尺寸以体积计算，计量单位为m^3。

表3-1　定额工程量折算系数

构配件名称	计算单位	混凝土含量/m^3
现浇普通楼梯	每100 m^2投影面积	26.88
现浇雨篷	每100 m^2投影面积	10.42
台阶	每100 m^2投影面积	16.40

3.3　实训成果

3.3.1　问题回答

根据相关知识点及附图，回答以下问题：

序号	问题	解答
1	根据附图，分析本工程中混凝土工程部分应包括的计算内容有哪些？	
2	简述现浇混凝土带形基础的工程量计算规则。绘制示意图并填写计算公式。	
3	简述现浇混凝土独立基础的工程量计算规则。绘制示意图并填写计算公式。	
4	简述有梁板、无梁板、平板的区别。	
5	简述挑檐的混凝土工程量计算规则。绘制示意图并填写计算公式。	
6	计算本工程中楼梯的混凝土定额工程量（要求有计算过程）。	
7	计算本工程中台阶的混凝土定额工程量（要求有计算过程）。	
8	计算本工程中散水的混凝土定额工程量（要求有计算过程）。	
9	计算本工程中压顶的混凝土定额工程量（要求有计算过程）。	
10	现浇雨篷的混凝土定额工程量与清单工程量的计算规则是否相同？如不同，有何区别？	
11	现浇阳台的混凝土定额工程量与清单工程量的计算规则是否相同？如不同，有何区别？	

3.3.2 编制混凝土工程工程量清单

依据附图计算本工程中混凝土工程的工程量，将计算结果填入下表。

序号	项目编码	项目名称	计量单位	工程数量
	工程量计算式			
	工程量计算式			
	工程量计算式			
	工程量计算式			
	工程量计算式			
	工程量计算式			
	工程量计算式			
	工程量计算式			
	工程量计算式			
	工程量计算式			
	工程量计算式			
	工程量计算式			

项目4　钢筋工程清单工程量计算

4.1　实训技能要求

4.1.1　知识要求

（1）了解钢筋工程的内容组成和施工工艺；

（2）熟悉图纸识读方法及技巧；

（3）理解工程量清单的格式、内容及编制方法；

（4）掌握钢筋工程工程量的计算方法。

4.1.2　能力要求

（1）能够快速、准确地找到与计算相关的图纸信息；

（2）能够对钢筋工程进行项目划分并列项；

（3）能够准确计算钢筋工程的工程量；

（4）能够熟练列出钢筋工程工程量清单。

4.1.3　素质要求

（1）具备良好的观察力和逻辑判断力；

（2）具有严谨、细致的工作作风；

（3）具备独立完成钢筋工程工程量计算的职业素质。

4.2　实训内容

完成附图中钢筋工程工程量的计算，编制钢筋工程工程量清单。

4.2.1 实训步骤

（1）识读结构施工图纸；

（2）掌握本工程钢筋工程的施工工艺；

（3）了解混凝土保护层厚度；

（4）掌握受拉钢筋锚固长度的计算方法；

（5）掌握受拉钢筋搭接长度的计算方法；

（6）分构件计算各钢筋的长度；

（7）分型号、规格计算各钢筋的工程量；

（8）编制钢筋工程工程量清单。

4.2.2 知识链接

1. 现浇混凝土钢筋工程量计算

（1）清单项目编码：010416001。

（2）清单项目特征：钢筋种类、规格。

（3）工程内容：钢筋制作、运输；钢筋安装。

（4）清单工程量计算规则：现浇混凝土钢筋工程量按设计图示钢筋长度乘以单位理论质量计算，计量单位为t。

（5）现浇混凝土钢筋定额工程量的计算规则同清单项目的计算规则。

2. 钢筋单位理论质量

钢筋每米理论质量＝0.006 17×d^2（d为钢筋直径）或按表4-1计算。

表4-1 钢筋单位理论质量

直径d	6	6.5	8	10	12	14	16	18	20
理论质量/（kg・m^{-1}）	0.222	0.260	0.395	0.617	0.888	1.208	1.578	1.998	2.466
直径d	22	24	25	28	30	32	35	36	40
理论质量/（kg・m^{-1}）	2.984	3.551	3.850	4.830	5.550	6.310	7.500	7.900	9.865

3. 混凝土保护层厚度

混凝土保护层厚度按《混凝土结构设计规范》（GB 50010—2010）确定。规范规定：

纵向受力的普通钢筋、预应力钢筋，其混凝土保护层厚度不应小于钢筋的公称直径，且应符合表4-2的规定。

表4-2　混凝土保护层的最小厚度　　mm

环境类别	板、墙		梁、柱		基础梁（顶面和侧面）		独立基础、条形基础、筏形基础（顶面和侧面）	
	≤C25	≥C30	≤C25	≥C30	≤C25	≥C30	≤C25	≥C30
一	20	15	25	20	25	20	—	—
二a	25	20	30	25	30	25	25	20
二b	30	25	40	35	40	35	30	25
三a	35	30	45	40	45	40	35	30
三b	45	40	55	50	55	50	45	40

注：1．设计使用年限为100年的结构：一类环境中，最外层钢筋的保护层厚度不应小于表中数值的1.4倍；二、三类环境中，应采取专门的有效措施。

2．三类环境中的钢筋可采用环氧树脂涂层带肋钢筋。

3．基础底部钢筋的最小保护层厚度为40 mm。当基础未设置垫层时，底部钢筋的最小保护层厚度应不小于70 mm（基础梁除外）。

4．桩基承台及承台梁：当桩直径或桩界面边长＜800 mm时，桩顶嵌入承台50 mm，承台底部受力纵向钢筋最小保护层厚度为50 mm；当桩直径或截面边长≥800 mm时，桩顶嵌入承台100 mm，承台底部受力纵筋最小保护层厚度为100 mm，多桩承台的顶面和侧面与独立基础的相同，单桩承台、两桩承台及承台梁的顶面和侧面与基础梁的相同。

5．当基础与土壤接触部分有可靠的防水和防腐处理时，保护层厚度可适当减小。

4．钢筋长度的计算

（1）直钢筋长度。

$$直钢筋长度=构件长度-保护层厚度+两端弯钩长度$$

（2）钢筋弯钩长度。

$$180°\ 半圆弯钩每个长度=6.25d$$

$$90°\ 直弯钩每个长度=3.5d$$

$$135°\ 斜弯钩每个长度=4.9d$$

（3）弯起钢筋长度。

$$弯起钢筋长度=构件长度-保护层厚度+弯钩长度+弯起增加长度$$

其中，弯起增加长度$\varDelta$如图4-1和表4-3所示。

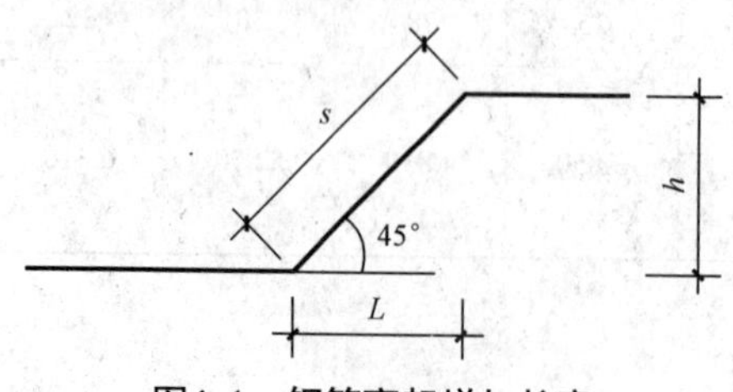

图4-1　钢筋弯起增加长度

表4-3　钢筋弯起增加长度

弯起角度	$\Delta=S-L$	备注
30°	$0.27h$	h为梁高减去上下保护层后的高度
45°	$0.41h$	
60°	$0.75h$	

（4）钢筋锚固长度。锚固长度的大小应按实际设计内容及表4-4～表4-7的规定确定。

表4-4　受拉钢筋锚固长度l_a、抗震锚固长度l_{aE}

非抗震	抗震	注：
$l_a=\zeta_a l_{ab}$	$l_{ab}=\zeta_{aE}l_a$ $l_{abE}=\zeta_{aE}l_{ab}$	1．l_a不应小于200 mm。 2．锚固长度修正系数ζ_a按表4-5取用，当多于一项时，可按连乘计算，但不应小于0.6。 3．ζ_{aE}为抗震锚固长度修正系数，对一、二级抗震等级取1.15，对三级抗震等级取1.05，对四级抗震等级取1.00。 4．ζ_a的取值见表4-6。l_{ab}的取值见表4-7

表4-5　受拉钢筋锚固长度修正系数ζ_a

锚固条件		ζ_a	
带肋钢筋的公称直径大于25 mm		1.10	—
环氧树脂涂层带肋钢筋		1.25	
施工过程中易受扰动的钢筋		1.10	
锚固区保护层厚度	$3d$	0.80	注：中间时按内插值，d为锚固钢筋直径
	$5d$	0.70	

表4-6　纵向受力钢筋的基本锚固长度l_{ab}

钢筋种类	混凝土强度等级						
	C20	C25	C30	C35	C40	C45	C50
HPB300	$39d$	$34d$	$30d$	$28d$	$25d$	$24d$	$23d$
HRB335 HRBF335	$38d$	$33d$	$29d$	$27d$	$25d$	$23d$	$22d$
HRB400 HRBF400	—	$40d$	$35d$	$32d$	$29d$	$28d$	$27d$
HRB500 HRBF500	—	$48d$	$43d$	$39d$	$36d$	$34d$	$32d$

表4-7　受拉钢筋抗震时的基本锚固长度l_{abE}

钢筋种类	抗震等级	混凝土强度等级								
		C20	C25	C30	C35	C40	C45	C50	C55	≥C60
HPB300	一、二级抗震等级	45*d*	39*d*	35*d*	32*d*	29*d*	28*d*	26*d*	25*d*	24*d*
	三级抗震等级	41*d*	36*d*	32*d*	29*d*	26*d*	25*d*	24*d*	23*d*	22*d*
HRB335 HRBF335	一、二级抗震等级	44*d*	38*d*	33*d*	31*d*	29*d*	26*d*	25*d*	24*d*	24*d*
	三级抗震等级	40*d*	35*d*	31*d*	28*d*	26*d*	24*d*	23*d*	22*d*	22*d*
HRB400 HRBF400 RRB400	一、二级抗震等级	—	46*d*	40*d*	37*d*	33*d*	32*d*	31*d*	30*d*	29*d*
	三级抗震等级	—	42*d*	37*d*	34*d*	30*d*	29*d*	28*d*	27*d*	26*d*
HRB500 HRBF500	一、二级抗震等级	—	55*d*	49*d*	45*d*	41*d*	39*d*	37*d*	36*d*	35*d*
	三级抗震等级	—	50*d*	45*d*	41*d*	38*d*	36*d*	34*d*	33*d*	32*d*

（5）钢筋搭接长度。计算钢筋工程量时，设计已规定钢筋搭接长度的，按规定搭接长度计算，规范规定详见表4-8。设计未规定的钢筋搭接长度的，已包括在钢筋的损耗率之内，不另计算搭接长度。钢筋电渣压力焊接、套筒挤压等接头，以个计算。

表4-8　纵向受拉钢筋绑扎搭接长度

纵向受拉钢筋绑扎搭接长度l_l、l_{lE}			
抗震	非抗震		
$l_{lE}=\xi_l l_{aE}$	$l_l=\xi_l l_a$		
纵向受拉钢筋搭接长度修正系数ξ_l			
纵向钢筋搭接接头面积百分率/%	≤25	50	100
ξ_l	1.2	1.4	1.6
注：1．当直径不同的钢筋搭接时，l_l、l_{lE}按直径较小的钢筋计算。 2．任何情况下不应小于300 mm。 3．式中ξ_l为纵向受拉钢筋搭接长度修正系数。当纵向钢筋搭接接头面积百分率为表中数值的中间值时，可按内插法取值。			

（6）箍筋。

1）箍筋长度。

箍筋长度＝单根箍筋长度×箍筋根数

2）单根箍筋长度。

双肢箍长度＝构件周长－8×混凝土保护层厚度＋箍筋两个弯钩增加长度

3）箍筋根数。

箍筋根数＝（配筋范围长度÷设置间距）＋1

计算结果取整数。

4.3 实训成果

4.3.1 问题回答

根据相关知识点及附图，回答以下问题：

序号	问题	解答
1	根据附图，分析本工程中钢筋工程量的计算内容包括哪些？	
2	箍筋增加长度如何计算？	
3	计算以柱为支座的梁内钢筋工程量时，规范规定的端支座的锚固长度是多少？	
4	计算以柱为支座的梁内钢筋工程量时，规范规定的端支座钢筋伸入梁内的长度是多少？	
5	计算以柱为支座的梁内钢筋工程量时，如何计算跨中支座钢筋的长度？	
6	箍筋加密区的长度有何规定？	
7	箍筋加密区的个数和非加密区的个数应如何计算？	
8	简述附图中首层框架梁KL9的钢筋标注信息。	

4.3.2 编制钢筋工程工程量清单

依据附图计算本工程中钢筋工程的工程量，将计算结果填入下表。

序号	项目编码	项目名称	计量单位	工程数量
	工程量计算式			
	工程量计算式			
	工程量计算式			
	工程量计算式			
	工程量计算式			
	工程量计算式			
	工程量计算式			
	工程量计算式			
	工程量计算式			
	工程量计算式			
	工程量计算式			
	工程量计算式			

项目5　屋面及防水工程，防腐、保温、隔热工程清单工程量计算

5.1　实训技能要求

5.1.1　知识要求

（1）了解屋面及防水工程，防腐、保温、隔热工程的内容组成和施工工艺；

（2）熟悉图纸识读方法及技巧；

（3）理解工程量清单的格式、内容及编制方法；

（4）掌握屋面及防水工程，防腐、保温、隔热工程清单工程量与定额工程量的计算方法。

5.1.2　能力要求

（1）能够快速、准确地找到与计算相关的图纸信息；

（2）能够对屋面及防水工程，防腐、保温、隔热工程进行项目划分并列项；

（3）能够准确计算屋面及防水工程，防腐、保温、隔热工程的清单工程量与定额工程量；

（4）能够熟练列出屋面及防水工程，防腐、保温、隔热工程工程量清单。

5.1.3　素质要求

（1）具有对工作精益求精的科学求实精神；

（2）具有严谨、细致的工作作风；

（3）具备独立完成屋面及防水工程，防腐、保温、隔热工程工程量计算的职业素质。

5.2　实训内容

完成附图中屋面及防水工程，防腐、保温、隔热工程清单工程量与定额工程量的计

算，编制屋面及防水工程，防腐、保温、隔热工程工程量清单。

5.2.1 实训步骤

（1）识读建筑工程施工图纸，了解整个工程全貌；

（2）掌握本工程屋面及防水工程，防腐、保温、隔热工程的组成内容及施工方法；

（3）计算屋面卷材防水的工程量；

（4）计算墙、地面防水防潮的工程量；

（5）计算墙、地面耐酸防腐的工程量；

（6）计算保温隔热屋面的清单工程量与定额工程量；

（7）编制屋面及防水工程，防腐、保温、隔热工程工程量清单。

5.2.2 知识链接

1．屋面卷材防水工程量计算

（1）清单项目编码：010702001。

（2）适用范围：适用于胶结材料粘贴卷材的防水屋面，如改性沥青防水屋面等。

（3）清单项目特征：卷材品种、规格；防水层做法；嵌缝材料种类；防护材料种类。

（4）工程内容：基层处理；抹找平层；刷底油；铺油毡卷材、嵌缝；铺保护层。

（5）清单工程量计算规则：按设计图示尺寸以面积计算，计量单位为m^2。其中，斜屋顶（不包括平屋顶找坡）按斜面积计算，平屋顶按水平投影面积计算；不扣除房上烟囱、风帽底座、风道、屋面小气窗和斜沟所占面积；屋面女儿墙、伸缩缝和天窗等处的弯起部分，并入屋面工程量。

（6）屋面卷材防水定额工程量的计算规则同清单项目的计算规则。挑檐、女儿墙等部位若采用相同材料的向上弯起部分，均按图示尺寸计算后并入屋面防水层工程量，如上述弯起部分无具体尺寸时，可统一按0.3 m计算。

2．墙、地面防水防潮工程量计算

（1）清单项目编码：卷材防水（010703001）、涂膜防水（010703002）、砂浆防水（潮）（010703003）。

（2）适用范围：适用于基础、楼地面、墙面等部位的卷材防水，涂膜防水中抹找平层、刷基础处理剂、胶粘防水卷材及特殊处理部位的嵌缝材料、附加卷材衬垫等。

（3）清单项目特征：卷材、涂膜品种；涂膜厚度、遍数、增强材料种类；防水部位；

防水做法；接缝、嵌缝材料种类；防护材料种类。

（4）工程内容：基层处理；抹找平层；涂刷胶粘剂；铺设防水卷材及保护层；接缝。

（5）清单工程量计算规则：按设计图示尺寸以面积计算，计量单位为m^2。

地面防水：按主墙间净空面积计算，扣除凸出地面的构筑物、设备基础等所占面积；不扣除间壁墙及单个0.3 m^2以内的柱、垛、烟囱和孔洞所占面积。

墙基防水：按长度乘以宽度（或立面防水高度）计算。其中：墙基平面防水（潮）外墙长度取外墙中心线长，内墙长度取内墙净长线长；墙基外墙立面防水（潮）外墙长度取外墙外边线长。

（6）墙、地面防水防潮定额工程量的计算规则同清单项目的计算规则。地面防水层周边上卷高度按图示尺寸计算，无设计尺寸时按0.3 m计算。上卷高度≤0.5 m时，工程量并入平面防水层；上卷高度＞0.5 m时，按立面防水层子目计算。

3．墙、地面耐酸防腐工程量计算

（1）清单项目编码：防腐混凝土面层（010801001）、防腐砂浆面层（010801002）、防腐胶泥面层（010801003）、玻璃钢防腐面层（010801004）。

（2）清单项目特征：防腐部位；面层厚度；砂浆、混凝土、胶泥种类（玻璃钢防腐面层项目特征为防腐部位；玻璃钢种类；贴布层数；面层材料品种）。

（3）清单工程量计算规则：按设计图示尺寸以面积计算，计量单位为m^2。扣除凸出地面的构筑物、设备基础、门洞等所占面积。砖垛等突出部分按展开面积并入墙面积内。

（4）墙、地面耐酸防腐定额工程量的计算规则同清单项目的计算规则。

4．保温隔热屋面清单工程量计算

（1）清单项目编码：010803001。

（2）清单项目特征：保温隔热部位、方式；保温隔热层材料品种、规格、性能；隔气层厚度；粘结材料种类；防护材料种类。

（3）工程内容：清理基层；铺粘保温层；刷防护材料。

（4）清单工程量计算规则：按设计图示尺寸以面积计算，不扣除柱、垛所占面积，计量单位为m^2。

屋面保温隔热层上的防水层应按屋面的防水项目单独编码列项。屋面保温隔热的找坡找平层应包括在保温隔热项目的报价内，如果屋面防水层项目包括找坡找平，屋面保温隔热不再计算，以免重复。

5．保温隔热屋面定额工程量计算

保温隔热屋面定额工程量，除另有规定者外，均按设计图示铺设面积乘以平均厚度，以“m^3”计算，不扣除烟囱、风帽及水斗、斜沟所占的面积。

（1）无女儿墙时，算到外墙皮。

保温隔热屋面定额工程量＝屋盖面积×保温层平均厚度

（2）有女儿墙时，算到女儿墙内侧。

保温隔热屋面定额工程量＝（屋盖面积－女儿墙所占面积）×保温层平均厚度

（3）屋面设置天沟时，应扣除天沟部分。

5.3 实训成果

5.3.1 问题回答

根据相关知识点及附图，回答以下问题：

序号	问题	解答
1	根据附图，分析本工程中屋面及防水工程工程量计算的内容包括哪些？	
2	根据附图，分析本工程中防腐、保温、隔热工程工程量计算的内容包括哪些？	
3	本工程中首层地面哪里采用了防水防潮？采用的是卷材防水还是涂膜防水？	
4	本工程中厕所墙面采用的是哪种耐酸防腐做法？	
5	填写保温隔热屋面的定额工程量（要有计算过程）。	
6	若墙面采用保温隔热材料，应如何计算工程量？	

5.3.2 编制屋面及防水工程，防腐、保温、隔热工程工程量清单

依据附图计算本工程中屋面及防水工程，防腐、保温、隔热工程的工程量，将计算结果填入下表。

序号	项目编码	项目名称	计量单位	工程数量
	工程量计算式			
	工程量计算式			
	工程量计算式			
	工程量计算式			
	工程量计算式			
	工程量计算式			
	工程量计算式			
	工程量计算式			
	工程量计算式			
	工程量计算式			

项目6 门窗工程、楼地面工程清单工程量计算

6.1 实训技能要求

6.1.1 知识要求

（1）了解门窗工程和楼地面工程常用的建筑材料；

（2）熟悉定额子目所包含的建筑材料和施工工序；

（3）掌握门窗工程和楼地面工程的工程量计算规则；

（4）理解工程量清单的格式、内容及编制方法。

6.1.2 能力要求

（1）能够快速、准确地找到与计算相关的图纸信息；

（2）能够对门窗工程进行项目划分并列项；

（3）能够对楼地面工程进行项目划分并列项；

（4）能够准确计算门窗工程、楼地面工程的工程量；

（5）能够熟练列出门窗工程、楼地面工程的清单表。

6.1.3 素质要求

（1）具备良好的观察力和逻辑判断力；

（2）具有严谨、细致的工作作风；

（3）具备独立完成门窗工程、楼地面工程工程量计算的职业素质。

6.2 实训内容

完成附图中门窗工程、楼地面工程清单工程量的计算，并编制清单表。

6.2.1 实训步骤

（1）识读建筑工程施工图纸，统计同类型门窗数量；

（2）计算门窗工程清单工程量；

（3）编制门窗工程工程量清单；

（4）识读建筑工程施工图纸，熟悉每层楼地面装饰材料和施工做法；

（5）计算楼地面工程清单工程量；

（6）编制楼地面工程工程量清单。

6.2.2 知识链接

1. 木门清单工程量计算

（1）清单项目编码：镶板木门（020401001）、企口木板门（020401002）、实木装饰门（020401003）、胶合板门（020401004）、夹板装饰门（020401005）、木质防火门（020401006）等。

（2）清单项目特征：门类型；框截面尺寸；单扇面积；骨架材料种类；面层材料品种、规格、品牌、颜色；玻璃品种、厚度、五金材料、品种、规格；油漆品种、油漆遍数。

（3）工程内容：门制作、运输、安装；五金、玻璃安装；刷防护材料、油漆。

（4）清单工程量计算规则：按设计图示数量（樘）或设计图示洞口尺寸以面积计算，计量单位为m^2。

2. 金属门清单工程量计算

（1）清单项目编码：金属平开门（020402001）、金属推拉门（020402002）、金属地弹门（020402003）、彩板门（020402004）、塑钢门（020402005）、防盗门（020401006）等。

（2）清单项目特征：门类型；框材质、外围尺寸；扇材质、外围尺寸；玻璃品种、厚度、五金材料、品种、规格；防护材料种类；油漆品种、油漆遍数。

（3）工程内容：门制作、运输、安装；五金、玻璃安装；刷防护材料、油漆。

（4）清单工程量计算规则：按设计图示数量（樘）或设计图示洞口尺寸以面积计算，计量单位为m^2。

3. 金属卷帘门清单工程量计算

（1）清单项目编码：金属卷闸门（020403001）、金属格栅门（020403002）、防火卷帘门（020403003）。

（2）清单项目特征：门材质、框外围尺寸；启动装置品种、规格、品牌；五金材料、品种、规格；防护材料种类；油漆品种、油漆遍数。

（3）工程内容：门制作、运输、安装；五金、玻璃安装；刷防护材料、油漆。

（4）清单工程量计算规则：按设计图示数量（樘）或设计图示洞口尺寸以面积计算，计量单位为m^2。

4．其他门清单工程量计算

（1）清单项目编码：电子感应门（020404001）、转门（020404002）、电子对讲门（020404003）、电动伸缩门（020404004）、全玻门（020404005）、半玻自由门（020404006）等。

（2）清单项目特征：门材质、品牌、框外围尺寸；玻璃品种、厚度、五金材料、品种、规格；电子配件品种、规格、品牌；防护材料种类；油漆品种、油漆遍数。

（3）工程内容：门制作、运输、安装；五金电子配件安装；刷防护材料、油漆。

（4）清单工程量计算规则：按设计图示数量（樘）或设计图示洞口尺寸以面积计算，计量单位为m^2。

5．木窗清单工程量计算

（1）清单项目编码：木质平开窗（020405001）、木质推拉窗（020405002）、矩形木百叶窗（020405003）、异形木百叶窗（020405004）、木组合窗（020405005）、木天窗（020405006）、矩形木固定窗（020405007）等。

（2）清单项目特征：窗类型；框材质、外围尺寸；扇材质、外围尺寸；玻璃品种、厚度；五金材料、品种、规格；防护材料种类；油漆品种、刷漆遍数。

（3）工程内容：窗制作、运输、安装；五金、玻璃安装；刷防护材料、油漆。

（4）清单工程量计算规则：按设计图示数量（樘）或设计图示洞口尺寸以面积计算，计量单位为m^2。

6．金属窗清单工程量计算

（1）清单项目编码：金属推拉窗（020406001）、金属平开窗（020406002）、金属固定窗（020406003）、金属百叶窗（020406004）、金属组合窗（020406005）、彩板窗（020406006）、塑钢窗（020406007）、金属防盗窗（020406008）等。

（2）清单项目特征：窗类型；框材质、外围尺寸；扇材质、外围尺寸；玻璃品种、厚度；五金材料、品种、规格；防护材料种类；油漆品种、刷漆遍数。

（3）工程内容：窗制作、运输、安装；五金、玻璃安装；刷防护材料、油漆。

（4）清单工程量计算规则：按设计图示数量（樘）或设计图示洞口尺寸以面积计算，计量单位为m^2。

7. 门窗套清单工程量计算

（1）清单项目编码：木门窗套（020407001）、金属门窗套（020407002）、石材门窗套（020407003）、门窗木贴脸（020407004）、硬木筒子板（020407005）、饰面夹板筒子板（020407006）。

（2）清单项目特征：底层厚度、砂浆配合比；立筋材料种类、规格；基层材料种类；面层材料种类、规格、品牌、颜色；防护材料种类；油漆品种、刷漆遍数。

（3）工程内容：清理基层；底层抹灰；立筋制作、安装；基层板安装；面层铺贴；刷防护材料、油漆。

（4）清单工程量计算规则：按设计图示尺寸以展开面积计算，计量单位为m^2。

8. 窗帘盒、窗帘轨清单工程量计算

（1）清单项目编码：木窗帘盒（020408001）、饰面夹板、塑料窗帘盒（020408002）、金属窗帘盒（020408003）、窗帘轨（020408004）。

（2）清单项目特征：窗帘盒材质、规格、颜色；窗帘轨材质、规格；防护材料种类；油漆品种、刷漆遍数。

（3）工程内容：制作、运输、安装；刷防护材料、油漆。

（4）清单工程量计算规则：按设计图示尺寸以长度计算，计量单位为m。

9. 窗台板清单工程量计算

（1）清单项目编码：木窗台板（020409001）、铝塑窗台板（020409002）、石材窗台板（020409003）、金属窗台板（020409004）。

（2）清单项目特征：找平层厚度、砂浆配合比；窗台板材质、规格、颜色；防护材料种类；油漆品种、刷漆遍数。

（3）工程内容：基层清理；抹找平层；窗台板制作、安装；刷防护材料、油漆。

（4）清单工程量计算规则：按设计图示尺寸以长度计算，计量单位为m。

10. 整体面层清单工程量计算

（1）清单项目编码：水泥砂浆楼地面（020101001）、现浇水磨石楼地面（020101002）、细石混凝土楼地面（020101003）、菱苦土楼地面（020101004）。

（2）清单项目特征：垫层材料种类、厚度；找平层厚度、砂浆配合比；防水层厚度、材料种类；面层厚度、砂浆配合比等。

（3）工程内容：基层清理；垫层铺设；抹找平层；防水层铺设；面层铺设；嵌缝等。

（4）清单工程量计算规则：按设计图示尺寸以面积计算，计量单位为m^2。扣除：凸出地面构筑物、设备基础、室内铁道、地沟所占面积；不扣：间壁墙和0.3 m^2以内的柱、垛、附墙烟囱及孔洞所占面积；不增：门洞、空圈、暖气包槽、壁龛的开口部分的面积。

11．块料面层清单工程量计算

（1）清单项目编码：石材楼地面（020102001）、块料楼地面（020102002）。

（2）清单项目特征：垫层材料种类、厚度；找平层厚度、砂浆配合比；防水层厚度、材料种类；填充材料种类、厚度；结合层厚度、砂浆配合比；面层材料种类、规格、品牌、颜色；嵌缝材料种类；防护层材料种类；酸洗、打蜡要求。

（3）工程内容：基层清理、铺设垫层、抹找平层；防水层铺设、填充层铺设；面层铺设；嵌缝；刷防护材料；酸洗、打蜡；材料运输。

（4）清单工程量计算规则：按设计图示尺寸以面积计算，计量单位为m^2。扣除：凸出地面构筑物、设备基础、室内铁道、地沟所占面积；不扣：间壁墙和0.3 m^2以内的柱、垛、附墙烟囱及孔洞所占面积；不增：门洞、空圈、暖气包槽、壁龛的开口部分的面积。

12．橡塑面层清单工程量计算

（1）清单项目编码：橡塑板楼地面（020103001）、橡胶卷材楼地面（020103002）、塑料板楼地面（020103003）、塑料卷材楼地面（020103004）。

（2）清单项目特征：找平层厚度、砂浆配合比；填充材料种类、厚度；粘结层厚度、材料种类；面层材料种类、规格、品牌、颜色；压线条种类。

（3）工程内容：基层清理、抹找平层；铺设填充层；面层铺贴；压缝条装订；材料运输。

（4）清单工程量计算规则：按设计图示尺寸以面积计算，计量单位为m^2。需计算门洞、空圈、暖气包槽、壁龛的开口部分的面积。

13．其他材料面层清单工程量计算

（1）清单项目编码：楼地面地毯（020104001）、竹木地板（020104002）、防静电活动地板（020104003）、金属复合地板（020104004）。

（2）清单项目特征：找平层厚度、砂浆配合比；填充材料种类、厚度；粘结层厚度、材料种类；面层材料种类、规格、品牌、颜色；压线条种类。

（3）工程内容：基层清理、抹找平层；铺设填充层；面层铺贴；压缝条装订；材料运输。

（4）清单工程量计算规则：按设计图示尺寸以面积计算，计量单位为m^2。需计算门

洞、空圈、暖气包槽、壁龛的开口部分的面积。

14．踢脚线清单工程量计算

（1）清单项目编码：水泥砂浆踢脚线（020105001）、石材踢脚线（020105002）、块料踢脚线（020105003）、现浇水磨石踢脚线（020105004）、塑料板踢脚线（020105005）、木质踢脚线（020105006）。

（2）清单项目特征：踢脚线高度；底层厚度、砂浆配合比；面层材料品种、规格、品牌、颜色等。

（3）工程内容：基层清理；底层抹灰；面层铺贴；刷防护材料；材料运输。

（4）清单工程量计算规则：按设计图示长度乘以高度按面积计算，计量单位为m^2。

15．楼梯装饰清单工程量计算

（1）清单项目编码：石材楼梯面层（020106001）、块料楼梯面层（020106002）、水泥砂浆楼梯面层（020106003）、现浇水磨石楼梯面层（020106004）、地毯楼梯面层（020106005）、木板楼梯面层（020106006）。

（2）清单项目特征：找平层厚度、砂浆配合比；面层厚度、种类、规格、品牌、颜色等。

（3）工程内容：基层清理；抹找平层；面层铺贴。

（4）清单工程量计算规则：按设计图示尺寸以楼梯（包括踏步、休息平台及500 mm以内的楼梯井）水平投影面积计算，计量单位为m^2。要求：楼梯与楼地面相连时，算至梯口梁内侧边沿；无梯口梁者，算至最上一层踏步边沿加300 mm。

16．扶手、栏杆、栏板装饰清单工程量计算

（1）清单项目编码：金属（硬木／塑料）扶手带栏杆（020107001／020107002）、栏板（020107003）。

（2）清单项目特征：扶手材料种类、规格、品牌、颜色；固定配件种类；防护材料种类；油漆种类、刷漆遍数。

（3）工程内容：制作；运输；安装；刷防护材料；刷油漆。

（4）清单工程量计算规则：按设计图示尺寸以扶手中心线长度（包括弯头长度）计算，计量单位为m。

17．台阶装饰清单工程量计算

（1）清单项目编码：石材／块料台阶面（020108001／020108002）、水泥砂浆台阶面（020108003）、现浇水磨石台阶面（020108004）、剁假石台阶面（020108005）。

（2）清单项目特征：垫层材料种类、厚度；找平层厚度、砂浆配合比；面层厚度；防

滑条种类。

（3）工程内容：清理基层；铺设垫层；抹找平层；抹面层；材料运输。

（4）清单工程量计算规则：按设计图示尺寸以台阶（包括最上层踏步边沿加300 mm）水平投影面积计算，计量单位为m^2。

6.3 实训成果

6.3.1 问题回答

根据相关知识点及附图，回答以下问题：

序号	问题	解答
1	根据附图，该工程有哪几种类型的门，其分别是什么材质和尺寸？	
2	根据附图，该工程有哪几种类型的窗，其分别是什么材质和尺寸？	
3	根据附图，根据材质不同，该工程楼地面装饰分为哪几种？踢脚线有哪几种？	
4	踢脚线清单工程量和定额工程量的计算规则一样吗？有何区别？	
5	木地板清单工程量和定额工程量的计算规则相同吗？有何区别？	
6	拼花块料面层清单工程量和定额工程量的计算规则相同吗？有何区别？	

6.3.2 编制门窗工程、楼地面工程工程量清单

依据附图计算本工程中门窗工程、楼地面工程的工程量，将计算结果填入下表。

序号	项目编码	项目名称	计量单位	工程数量
	工程量计算式			
	工程量计算式			
	工程量计算式			
	工程量计算式			
	工程量计算式			
	工程量计算式			
	工程量计算式			
	工程量计算式			
	工程量计算式			
	工程量计算式			
	工程量计算式			

项目7　墙柱面工程、天棚工程清单工程量计算

7.1　实训技能要求

7.1.1　知识要求

（1）了解墙柱面和天棚的装饰材料和施工工艺；

（2）熟悉图纸识读方法及技巧；

（3）理解工程量清单的格式、内容及编制方法；

（4）掌握墙柱面工程、天棚工程工程量的计算方法。

7.1.2　能力要求

（1）能够快速、准确地找到与计算相关的图纸信息；

（2）能够对外墙面、内墙面和柱面工程进行项目划分并列项；

（3）能够对天棚吊顶和天棚抹灰工程进行项目划分并列项；

（4）能够准确计算墙柱面工程、天棚工程的工程量；

（5）能够熟练列出墙柱面工程、天棚工程的清单表。

7.1.3　素质要求

（1）具有对工作精益求精的科学求实精神；

（2）具有严谨、细致的工作作风；

（3）具备独立完成墙柱面工程、天棚工程工程量计算的职业素质。

7.2 实训内容

完成附图中墙柱面工程、天棚工程工程量计算，并编制墙柱面工程、天棚工程工程量清单。

7.2.1 实训步骤

（1）识读建筑工程施工图纸，了解建筑外墙面、内墙面和天棚的装修类型；

（2）掌握本工程墙柱面工程、天棚工程的组成内容及施工方法；

（3）计算建筑物外墙面的工程量；

（4）计算建筑物内墙面的工程量；

（5）计算天棚工程的工程量；

（6）编制墙柱面工程、天棚工程工程量清单。

7.2.2 知识链接

1. 墙柱面抹灰清单工程量计算

（1）清单项目编码：墙面一般抹灰（020201001）、墙面装饰抹灰（020201002）、柱面一般抹灰（020202001）、柱面装饰抹灰（020202002）、零星项目一般抹灰（020203001）、零星项目装饰抹灰（020203002）。

（2）清单项目特征：墙体类型；底层厚度、砂浆配合比；面层厚度、砂浆配合比；装饰面材料种类；分隔缝宽度、材料种类。

（3）工程内容：基层清理；砂浆制作、运输；底层抹灰；抹面层；抹装饰面；勾分隔缝。

（4）清单工程量计算规则：墙面抹灰按设计图示尺寸以面积计算。扣除墙裙、门窗洞及单个0.3 m^2以外的空洞面积，不扣除踢脚线、挂镜线和墙与构建交界处的面积。门窗洞口和孔洞的侧壁及顶面不增加面积。附墙柱、梁、垛、烟囱侧壁并入相应的墙面积内。

1）外墙抹灰面积按外墙垂直投影面积计算。

2）外墙裙抹灰面积按其长度乘以高度计算。

3）内墙抹灰面积按主墙的净长乘以高度计算。

高度的确定：无墙裙的，高度按室内楼地面至天棚底面积计算；有墙裙的，高度按墙裙顶至天棚底面计算。

4）内墙裙抹灰面积按内墙净长乘以高度计算。

（5）清单工程量计算规则：柱面抹灰按设计图示柱断面周长乘以高度以面积计算。

2．块料墙柱面清单工程量计算

（1）清单项目编码：石材墙面（020204001）、碎拼石材墙面（020204002）、块料墙面（020204003）、石材柱面（020205001）、块料柱面（020205003）、块料零星项目（020206003）。

（2）清单项目特征：墙体、柱体类型；柱截面尺寸；底层厚度、砂浆配合比；粘结层厚度、材料种类；挂贴方式；面层材料品种、规格、品牌、颜色；缝宽、嵌缝材料种类；防护材料种类；磨光、酸洗、打蜡要求。

（3）工程内容：基层清理；砂浆制作、运输；底层抹灰；结合层铺贴；面层铺贴；面层干挂；嵌缝；刷防护材料；磨光、酸洗、打蜡。

（4）清单工程量计算规则：按设计图示尺寸以镶贴面积计算。

3．墙柱面饰面清单工程量计算

（1）清单项目编码：装饰板墙面（020207001）、柱（梁）面装饰（020208001）。

（2）清单项目特征：墙体、柱（梁）面类型；底层厚度、砂浆配合比；龙骨材料种类、规格、中距；隔离层材料种类、规格；基层材料种类、规格；面层材料品种、规格、品牌、颜色；压条材料种类、规格；防护材料种类；油漆品种、遍数。

（3）工程内容：基层清理；砂浆制作、运输；底层抹灰；龙骨制作、运输、安装；钉隔离层；基层铺贴；面层铺贴；刷防护材料、油漆。

（4）清单工程量计算规则：墙饰面按设计图示墙净长乘以净高以面积计算，扣除门窗洞口及单个0.3 m^2以上的孔洞所占面积。柱（梁）饰面按设计图示饰面外围尺寸以面积计算，柱帽、柱墩并入相应柱饰面工程量内。

4．隔断清单工程量计算

（1）清单项目编码：隔断（020209001）。

（2）清单项目特征：骨架、边框材料种类、规则；隔板材料种类、规格、品牌、颜色；嵌缝、塞口材料品种；压条材料种类；防护材料种类；油漆品种，刷漆遍数。

（3）工程内容：骨架、边框制作、运输、安装；隔板制作、运输、安装；嵌缝、塞口；装订压条；刷防护材料、油漆。

（4）清单工程量计算规则：按设计图示框外围尺寸以面积计算，扣除单个0.3 m^2以上的孔洞所占面积。

5．天棚抹灰清单工程量计算

（1）清单项目编码：天棚抹灰（020301001）。

（2）清单项目特征：基层类型；抹灰厚度、材料种类；装饰线条道数、材料；砂浆配合比。

（3）工程内容：基层清理；底层抹灰；抹面层；抹装饰线条。

（4）清单工程量计算规则：按设计图示尺寸以水平投影面积计算，不扣除间壁墙、垛、柱、附墙烟囱、检查口和管道所占面积，带梁天棚、梁两侧抹灰面积并入天棚面积内。板式楼梯底面抹灰按斜面积计算，锯齿形楼梯底板抹灰按展开面积计算。

6．天棚吊顶清单工程量计算

（1）清单项目编码：天棚吊顶（020302001）。

（2）清单项目特征：吊顶形式；龙骨类型、材料种类、规格、中距；基层材料种类、规格；面层材料种类、规格、品牌、颜色；压条材料种类、规格；嵌缝材料种类；防护材料种类；油漆品种、刷漆遍数。

（3）工程内容：基层清理；龙骨安装；基层板铺贴；面层铺贴；嵌缝；刷防护材料、油漆。

（4）清单工程量计算规则：天棚吊顶按设计图纸尺寸以水平投影面积计算。天棚中的灯槽及跌级、锯齿形、吊挂式、藻井式天棚面积不展开计算。不扣除间壁墙、垛、柱、附墙烟囱、检查口和管道所占面积，扣除单个0.3 m^2以内的孔洞、独立柱及与天棚相连的窗帘盒所占面积。

7.3　实训成果

7.3.1　问题回答

根据相关知识点及附图，回答以下问题：

序号	问题	解答
1	根据附图，本工程外墙面采用哪种装修方式和施工做法？	
2	根据附图，本工程卫生间内墙面采用哪种装修方式和施工做法？	
3	试画出跌级形、锯齿形、吊挂式、藻井式四种吊顶形式的示意图。	
4	天棚吊顶的清单工程量与定额工程量的计算规则一样吗？请详细说明。	
5	什么是墙面一般抹灰？什么是墙面装饰抹灰？举例说明。	
6	试列举出哪些建筑部位的块料面层计算属于块料零星项目（020206003）。	

7.3.2 编制墙柱面工程、天棚工程工程量清单

依据附图计算本工程中墙柱面工程、天棚工程的工程量，将计算结果填入下表。

序号	项目编码	项目名称	计量单位	工程数量
	工程量计算式			
	工程量计算式			
	工程量计算式			
	工程量计算式			
	工程量计算式			
	工程量计算式			
	工程量计算式			
	工程量计算式			
	工程量计算式			
	工程量计算式			
	工程量计算式			

项目8　综合单价及分部分项工程费计算

8.1　实训技能要求

8.1.1　知识要求

（1）了解建筑工程计价基本原理；

（2）熟悉建筑工程清单计价法的基本程序；

（3）理解综合单价的费用组成基数；

（4）掌握综合单价和分部分项工程费的计算方法。

8.1.2　能力要求

（1）能够快速、准确地找到与计算相关的定额子目；

（2）能够熟练进行人工、材料和机械的换价计算；

（3）能够根据陕建发最新文件计算差价；

（4）能够准确计算各项综合单价及分部分项工程费。

8.1.3　素质要求

（1）具备良好的观察力和逻辑判断力；

（2）具有严谨、细致的工作作风；

（3）具备独立完成分部分项工程费计算的职业素质。

8.2　实训内容

完成以上各分部分项工程量清单的综合单价计算，并编制分部分项工程量清单计价表。

编制依据：2004年《陕西省建筑装饰工程消耗量定额》及《陕西省建筑含（装饰）工程消耗量定额补充定额》、2009年《陕西省建筑、装饰、市政、园林绿化工程价目表（建筑装饰册）》及2009年《陕西省建设工程工程量清单计价费率》，以及陕建发［2015］319号文件《关于调整房屋建筑和市政基础设施工程工程量清单计价综合人工单价的通知》（建筑工程、安装工程、市政工程、园林绿化工程调整为82元／工日；装饰工程调整为90元／工日；综合人工单价调整后，调增部分计入差价）。

除下列材料外，其余的人工、材料、机械均同2009年《陕西省建筑装饰市政园林绿化工程价目表建筑装饰册》中的价格，材料风险按所有材料费的5%来考虑。需要计算的相关工程量按照附图计算。

表8-1　材料市场单价表

序号	材料名称	材料规格	单位	单价/元
1	C20混凝土		m^3	180
2	大理石地面	尺寸：800 mm×800 mm	m^2	300
3	乳胶漆		kg	25
4	螺纹钢	不分规格	t	5 000
5	塑钢窗		m^2	400

8.2.1　实训步骤

（1）识读并整理以上各章节的分部分项工程量清单表；

（2）熟悉编制依据；

（3）根据项目特征以及编制依据，在定额中查找相对应的子目；

（4）计算各分项工程的综合单价和差价；

（5）编制分部分项工程量清单计价表。

8.2.2　知识链接

1．综合单价的概念

综合单价是指完成工程量清单中规定的计量单位项目所需的人工费、材料费、机械使用费、管理费和利润，并考虑风险因素。

综合单价计价应包括完成规定计量单位、合格产品所需的全部费用。根据我国实际，综合单价包括规费以外的全部费用，它不但适用于分部分项工程量清单，也适用于工序项目清单、措施项目清单等。

2．相关规定

分部分项工程量清单应采用综合单价计价。工程计价方法包括工料单价法和综合单价法，规定工程量清单计价应采用综合单价法。采用综合单价法进行工程量清单计价时，综合单价包括除规费和税金以外的全部费用。

措施项目清单计价应根据拟建工程的施工组织设计，可以计算工程量的措施项目，应按分部分项工程量清单的方式采用综合单价计价；其余的措施项目可以“项”为单位的方式计价，应包括除规费、税金外的全部费用。

3．确定依据

确定分部分项工程量清单项目综合单价的最重要依据之一是该清单项目的特征描述，投标人投标报价时应依据招标文件中分部分项工程量清单项目的特征描述，确定清单项目的综合单价。在招投标过程中，当出现招标文件中分部分项工程量清单特征描述与设计图纸不符时，投标人应以分部分项工程量清单的项目特征描述为准，确定投标报价的综合单价。当施工中施工图纸或设计变更与工程量清单项目特征描述不一致时，发、承包双方应按实际施工的项目特征，依据合同约定重新确定综合单价。

4．计算公式

首先需要核实清单所给的工程量、施工组织设计和施工方案，在此基础上按照《陕西省建筑含（装饰）工程消耗量定额》《陕西省建筑、装饰、市政、园林绿化工程价目表（建筑装饰册）》和《陕西省建设工程工程量清单计价费率》计算综合单价。

综合单价＝∑（各子目的定额工程量×各子目的定额基价）÷清单工程量

其中：定额基价＝人工费＋材料费＋机械费＋管理费＋利润＋风险。

5．预算定额的套用

（1）预算定额的直接套用。在应用预算定额时，要认真地阅读并掌握定额的总说明、各分部工程说明、定额的适用范围，已经考虑和没有考虑的因素以及附注说明等。当分项工程的设计要求与预算定额条件完全相符时，则可直接套用定额。

（2）预算定额调整或换算后套用。当设计要求与定额的工程内容、材料规格、施工方法等条件不完全相符时，则不可直接套用定额。可根据编制总说明、分部工程说明等有关规定，在定额规定范围内加以调整换算。

定额换算的实质就是按定额规定的换算范围、内容和方法，对某些分项工程预算单价的换算。通常只有当设计选用的材料品种和规格同定额有出入，并规定允许换算时，才能换算。在换算过程中，定额单位产品材料消耗量一般不变，仅调整与定额规定的品种或规格不相同的预算价格。经过换算的定额编号在下端应写上“换”字。

基本思路：换算后的定额基价＝原定额基价＋材料消耗量×（换入单价－换出单价）

6．综合单价计算时应注意的问题

（1）必须非常熟悉定额的编制原理，为准确计算人工、材料、机械消耗量奠定基础；必须熟悉施工工艺，准确确定工程量清单表中的工程内容，以便准确报价。

（2）经常与企业及项目决策领导者进行沟通，明确投标策略，以便合理报出管理费率及利润率。增强风险意识，熟悉风险管理有关内容，将风险因素合理地考虑在报价中。

（3）必须结合施工组织设计和施工方案，将工程量增减的因素及施工过程中的各类合理损耗都考虑在综合单价中。

（4）根据陕建发［2015］319号文件《关于调整房屋建筑和市政基础设施工程工程量清单计价综合人工单价的通知》：

差价＝（调整后人工单价－价目表中人工单价）×人工综合工日×定额工程量

7．分部分项工程费

分部分项工程费＝Σ[（各分项工程清单工程量 ×对应综合单价）＋差价]

8.3　实训成果

8.3.1　问题回答

根据相关知识点及附图，回答以下问题：

序号	问题	解答
1	简述人工消耗量的基本方法和计算公式。	
2	简述标准砖用量的计算公式。	
3	简述块料面层的材料用量计算公式。	
4	简述人工单价的组成内容。	
5	简述材料单价的构成和分类。	
6	简述施工机械台班单价的组成。	
7	什么是概算定额？	
8	定额换算的条件有哪些？	
9	某240厚内墙，KP1承重多孔砖，预拌M7.5混合砂浆砌筑，试计算10 m^3墙体的基价。	
10	已知某挖土机挖土，一次正常循环工作时间是40 s，每次循环平均挖土量0.3 m^3，机械正常利用系数为0.8，机械幅度差25%，求该机械挖土方1 000 m^3的预算定额机械耗用台班量。	
11	某砖基础清单工程量为120 m^3，试计算出其人工、材料和机械的消耗数量。	

8.3.2 编制分部分项工程量清单计价表

依据附图、分部分项工程量清单表、编制依据，完成分部分项工程量清单的计价工作，并将计算结果填入下表。

<table>
<tr><th>序号</th><th>项目编码</th><th>项目名称</th><th>计量单位</th><th>工程数量</th><th>综合单价/元</th><th>合计/元</th></tr>
<tr><td></td><td></td><td></td><td></td><td></td><td></td><td></td></tr>
<tr><td colspan="7">综合单价计算过程：</td></tr>
<tr><td></td><td></td><td></td><td></td><td></td><td></td><td></td></tr>
<tr><td colspan="7"></td></tr>
<tr><td></td><td></td><td></td><td></td><td></td><td></td><td></td></tr>
<tr><td colspan="7"></td></tr>
<tr><td></td><td></td><td></td><td></td><td></td><td></td><td></td></tr>
<tr><td colspan="7"></td></tr>
<tr><td colspan="7">本页总合计/元：</td></tr>
</table>

<table>
<tr><th>序号</th><th>项目编码</th><th>项目名称</th><th>计量单位</th><th>工程数量</th><th>综合单价/元</th><th>合计/元</th></tr>
<tr><td></td><td></td><td></td><td></td><td></td><td></td><td></td></tr>
<tr><td colspan="7">综合单价计算过程：</td></tr>
<tr><td></td><td></td><td></td><td></td><td></td><td></td><td></td></tr>
<tr><td colspan="7"></td></tr>
<tr><td></td><td></td><td></td><td></td><td></td><td></td><td></td></tr>
<tr><td colspan="7"></td></tr>
<tr><td></td><td></td><td></td><td></td><td></td><td></td><td></td></tr>
<tr><td colspan="7"></td></tr>
<tr><td colspan="7">本页总合计/元：</td></tr>
</table>

序号	项目编码	项目名称	计量单位	工程数量	综合单价/元	合计/元
综合单价计算过程：						
分部分项工程费（含差价）__________元；其中差价合计________元。						

项目9　措施项目费用计算

9.1　实训技能要求

9.1.1　知识要求

（1）了解建筑工程清单计价的费用组成；

（2）熟悉措施项目的分类；

（3）熟悉措施项目所包含的内容；

（4）掌握措施项目的计算规则。

9.1.2　能力要求

（1）能够熟练地区分不同措施项目的类别；

（2）能够熟知不同措施项目所包含的内容；

（3）能够熟记通用措施的计费基础；

（4）能够准确套用技术措施项目所用的定额子目；

（5）能够准确计算各项措施费用。

9.1.3　素质要求

（1）具备良好的识图能力和计算能力；

（2）具有严谨、细致的工作作风；

（3）具备独立完成措施项目费用计算的职业素质。

9.2　实训内容

完成措施项目费用计算，并编制措施项目清单计价表。

编制依据：2004年《陕西省建筑装饰工程消耗量定额》及《陕西省建筑装饰工程消耗量定额补充定额》、2009年《陕西省建筑、装饰、市政、园林绿化工程价目（表建筑装饰册）》及2009年《陕西省建设工程工程量清单计价费率》，以及陕建发［2015］319号文件《关于调整房屋建筑和市政基础设施工程工程量清单计价综合人工单价的通知》（建筑工程、安装工程、市政工程、园林绿化工程调整为82元／工日；装饰工程调整为90元／工日；综合人工单价调整后，调增部分计入差价）。材料单价均同2009年《陕西省建筑、装饰、市政、园林绿化工程价目表（建筑装饰册）》中的价格，材料风险按所有材料费的5%来考虑。因工期要求紧，该工程采用塔式起重机施工，需要计算的相关工程量按照附图计算。

表9-1 措施项目清单计价表

序号	项目名称	计量单位	工程数量	金额/元
1	安全文明施工措施费	项	1	
2	冬雨期、夜间施工费	项	1	
3	二次搬运费	项	1	
4	测量放线、定位复测、检验试验	项	1	
5	脚手架	项	1	
6	混凝土模板	项	1	
7	垂直运输	项	1	

表9-2 其他项目清单

序号	项目名称	计量单位	工程数量	合计
1	暂列金额	元	10 000.00	10 000.00
2	暂估价	元	0	0
3	计日工	元	0	0

9.2.1 实训步骤

（1）识读并核算项目8的分部分项工程费；

（2）熟悉编制依据、措施项目清单表和其他项目清单表；

（3）根据措施项目清单表进行分类；

（4）根据措施项目计算规则进行计算；

（5）编制措施项目清单计价表。

9.2.2 知识链接

1. 相关概念

措施项目是指建设工程施工中除构成建筑物实体本身投入人工、材料、机械、管理费、利润等费用外，还存在根据施工企业专业管理水平、施工现场情况以及保证顺利完成该项目，而发生于该工程施工前和施工过程中技术、安全、生活等方面的非实体的项目。

措施费是指为完成工程项目施工，发生于该工程施工前和施工过程中非工程实体项目的费用，由施工技术措施费和施工组织措施费组成。

2. 施工技术措施费内容

（1）大型机械设备进出场及安拆费：是指机械整体或分体自停放场地运至施工现场或由一个施工地点运至另一个施工地点，所发生的机械进出场运输及转移费用及机械在施工现场进行安装、拆卸所需的人工费、材料费、机械费、试运转费和安装所需的辅助设施的费用。

计算方法：按施工组织设计使用机械型号，套取定额（第十六章）计算。

（2）混凝土、钢筋混凝土模板及支架费：是指混凝土施工过程中需要的各种钢模板、木模板、支架等的支、拆、运输费用及模板、支架的摊销（或租赁）费用。

计算方法：模板的工程量与混凝土工程量相等，套取定额（第四章）计算。

（3）脚手架费：是指施工需要的各种脚手架搭、拆、运输费用及脚手架的摊销（或租赁）费用。脚手架分为外脚手架、里脚手架、满堂脚手架、悬挑脚手架等。

计算方法：根据所做工程，按需套取定额（第十三章）计算。

（4）垂直运输费：是指因为采用施工运输工具（卷扬机和塔式起重机）而发生的有关费用。

计算方法：根据建筑物的运输工具、类别、高度和层高，套取不同定额（第十四章）子目计算。

（5）超高增加人工机械费：是指建筑物超过6层和檐高超过20 m时由于材料垂直运输、工人上下班时间增加和机械工效降低而增加的费用。

计算方法：根据高度不同，套取定额计算。

（6）施工降水、排水费：是指因地下水位的原因，为确保工期和工程质量必须排除积水和降低水位的措施费用。

计算方法：套取定额计算。

3. 施工组织措施费内容

（1）夜间施工费：是指因夜间施工所发生的夜班补助费、夜间施工降效、夜间施工照明设备摊销及照明用电等费用。

计算方法：夜间施工费＝分部分项工程费×夜间施工费费率

（2）二次搬运费：是指因施工场地狭小等特殊情况而发生的二次搬运费用。

计算方法：二次搬运费＝分部分项工程费×二次搬运费费率

（3）测量放线、定位复测、检验试验费。

计算方法：测量放线、定位复测、检验试验费＝分部分项工程费×测量放线、定位复测、检验试验费费率

（4）安全文明施工费包括：安全文明施工费、环境保护费和临时设施费。

计算方法：安全文明施工费＝（分部分项工程费＋措施项目费＋其他项目费＋差价）×（安全文明施工费费率＋环境保护费费率＋临时设施费费率）

9.3 实训成果

9.3.1 问题回答

根据相关知识点及附图，回答以下问题：

序号	问题	解 答
1	简述外脚手架的定额工程量计算规则。如遇建筑物有地下室、屋面有电梯机房时，高度应如何确定？	
2	简述里脚手架的定额工程量计算规则。若同时存在满堂脚手架，应如何计算？	
3	装饰装修时，满堂脚手架的工程量计算规则是怎样的？如遇层高超过5.2 m时，如何计算增加层的层数？	
4	安全文明施工费与夜间施工费的计费基础相同吗？若不同，有何区别？	
5	简述垂直运输的定额工程量计算规则。	
6	什么是检验试验费？	

9.3.2 编制措施项目清单计价表

依据附图、措施项目清单计价表（表9-1）、其他项目清单（表9-2），编制依据和项目8的分部分项工程费，完成措施项目清单的计价工作，并将计算结果填入下表。

<table>
<tr><th>序号</th><th>项目名称</th><th>计量单位</th><th>工程数量</th><th>金额/元</th></tr>
<tr><td rowspan="2">1</td><td>安全文明施工措施费</td><td>项</td><td>1</td><td></td></tr>
<tr><td colspan="4"></td></tr>
<tr><td rowspan="2">2</td><td>冬雨期、夜间施工费</td><td>项</td><td>1</td><td></td></tr>
<tr><td colspan="4"></td></tr>
<tr><td rowspan="2">3</td><td>二次搬运费</td><td>项</td><td>1</td><td></td></tr>
<tr><td colspan="4"></td></tr>
<tr><td rowspan="2">4</td><td>测量放线、定位复测、检验试验</td><td>项</td><td>1</td><td></td></tr>
<tr><td colspan="4"></td></tr>
<tr><td rowspan="2">5</td><td>脚手架</td><td>项</td><td>1</td><td></td></tr>
<tr><td colspan="4"></td></tr>
<tr><td rowspan="2">6</td><td>混凝土模板</td><td>项</td><td>1</td><td></td></tr>
<tr><td colspan="4"></td></tr>
<tr><td rowspan="2">7</td><td>垂直运输</td><td>项</td><td>1</td><td></td></tr>
<tr><td colspan="4"></td></tr>
<tr><td colspan="5">措施费合计：________________元</td></tr>
</table>

项目10　投标报价编制

10.1　实训技能要求

10.1.1　知识要求

（1）了解投标报价的相关概念；

（2）理解不可竞争费的意义；

（3）掌握规费和税金的计算方法；

（4）掌握招标最高限价与投标报价编制的区别。

10.1.2　能力要求

（1）能够熟练地计算规费和税金；

（2）能够快速、准确地进行组价；

（3）能够编制投标报价书。

10.1.3　素质要求

（1）具备良好的观察力和逻辑判断力；

（2）具有严谨、细致的工作作风；

（3）具备独立完成投标报价计算的职业素质。

10.2 实训内容

完成规费和税金的计算，并计算该项工程的总造价，整理投标报价书，进行实训总结。

编制依据：2004年《陕西省建筑装饰工程消耗量定额》及《陕西省建筑装饰工程消耗量定额补充定额》、2009年《陕西省建筑、装饰、市政、园林绿化工程价目表（建筑装饰册）》及2009年《陕西省建设工程工程量清单计价费率》，以及陕建发［2015］319号文件《关于调整房屋建筑和市政基础设施工程工程量清单计价综合人工单价的通知》（建筑工程、安装工程、市政工程、园林绿化工程调整为82元／工日；装饰工程调整为90元／工日；综合人工单价调整后，调增部分计入差价）。材料单价均同2009年《陕西省建筑装饰市政园林绿化工程价目表建筑装饰册》中的价格，材料风险按所有材料费的5%来考虑。工程位于西安市莲湖区。

10.2.1 实训步骤

（1）识读并核算项目8的分部分项工程费和项目9的措施费，并将汇总结果填入表10-1；

（2）根据表9-2计算其他项目费，并将结果填入表10-1；

（3）计算规费和税金，并将结果填入表10-1；

（4）计算该工程的总造价，并将计算结果填入表10-1；

（5）写一篇实训心得体会或总结。

10.2.2 知识链接

1. 其他项目费

其他项目费包括暂列金额、暂估价、总承包服务费和计日工四项，招标人也可以根据需要进行补充。其他项目费应按下列规定计价：

（1）暂列金额应按招标人在其他项目清单中所给的暂列金额填写和计算。

（2）暂估价应按招标人在其他项目清单中列出的金额计列，不可调整，其中专业工程暂估价分不同的专业按其他项目清单中列出的金额计列；材料、设备暂估价凡是已经计入工程量清单综合单价中的，不再汇总计入暂估价。

（3）计日工包括人工、材料和施工机械，应根据工程量清单中计日工明细表给定的人工、材料和施工机械的数量计列，人工单价、材料单价和施工台班单价应计取一定的管理费和利润，以综合单价的形式计列。

（4）总承包服务费应依据合同约定金额计算，如发生调整，以发、承包双方确认调整的金额计算。

2. 规费

规费是指国家、省级有关主管部门规定必须缴纳的，应计入建筑安装工程的费用，包括：

（1） 社会保障保险：养老保险、失业保险、医疗保险、工伤保险、残疾人就业保险、女工生育保险。

（2）住房公积金。

（3） 意外伤害保险。

计算公式：规费＝［分部分项工程费＋措施项目费（含安全文明施工措施费和差价）＋其他项目费］×规费费率

3．税金

税金是指国家税法规定的应计入建筑安装工程造价内的营业税、城市维护建设税及教育费附加等。

计算公式：税金＝［分部分项工程费＋措施项目费（含安全文明施工措施费和差价）＋其他项目费＋规费］×税率

4．总造价

单项工程总造价＝分部分项工程费＋措施项目费＋其他项目费＋规费＋税金

10.3　实训成果

10.3.1　问题回答

根据相关知识点及附图，回答以下问题：

序号	问题	解答
1	什么是索赔？	
2	简述索赔的处理程序。	
3	简述工程变更的范围。	
4	什么是竣工结算？	
5	什么是工程预付款？什么是工程进度款？	
6	简述招标最高限价与投标报价编制的不同点。	

10.3.2 编制工程量清单计价总表

依据附图、编制依据、分部分项工程量计价表、措施项目清单计价表和其他项目清单，完成该工程规费、税金和总造价的计价过程，并将计算结果填入下表。

<table>
<tr><th>序号</th><th>内容</th><th>计算金额/元</th></tr>
<tr><td>1</td><td>分部分项工程费</td><td></td></tr>
<tr><td>2</td><td>措施项目费</td><td></td></tr>
<tr><td>3</td><td>其他项目费</td><td></td></tr>
<tr><td rowspan="2">4</td><td>规费</td><td></td></tr>
<tr><td colspan="2">计算式：</td></tr>
<tr><td rowspan="2">5</td><td>税金</td><td></td></tr>
<tr><td colspan="2">计算式：</td></tr>
<tr><td rowspan="2">6</td><td>工程总造价</td><td></td></tr>
<tr><td colspan="2">计算式：</td></tr>
</table>

10.3.3 建筑概预算综合实训总结

时间：	地点：	实训总周数：
实训个人总结		

参考文献

［1］中华人民共和国住房和城乡建设部．GB 50500—2013建设工程工程量清单计价规范［S］．北京：中国计划出版社，2013.

［2］陕西省住房和城乡建设厅．陕西省建设工程工程量清单计价规则［S］．西安：陕西省人民出版社，2009.

［3］陕西省建设厅．陕西省建筑装饰工程消耗量定额［S］．西安：陕西科学技术出版社，2004.

［4］中国建设工程造价管理协会．建设工程造价管理基础知识［M］．北京：中国计划出版社，2010.

［5］李建峰．建筑工程清单计量与计价［M］．北京：中国广播电视出版社，2006.

［6］陈建国．工程计量与造价管理［M］．上海：同济大学出版社，2001.

《建筑工程概预算实务》配套工程图

主 编 郭 靖 田 颖

北京理工大学出版社
BEIJING INSTITUTE OF TECHNOLOGY PRESS

结构设计总说明（一）

1. 工程概况及总则

1.1 工程位于××省××市经济开发区；设计标高±0.00相当于1985黄海。各栋高程详建筑总平面示意图。

本工程多层处无地下室，地上为1栋3层幼儿园，6栋3~4层多层住宅，8栋3层汽配中心办公零售楼。建筑高度为11.4~14.0m。绝对标高：(必须与建筑专业总平面图中的绝对标高核对无误后方可施工)

1.2 除注明外，本工程尺寸：标高以米为单位，其他均以毫米为单位。

1.3 本图各条目前划符号"X"者不为本工程所用，其他适用于本工程。人防构件尚需按人防结构设计总说明执行。

2. 设计依据及设计标准

2.1 主体结构设计使用年限为50年。

2.2 依据性文件及自然条件

(1) 规划局、消防局和人防办等政府职能部门针对本工程的相关批文。

(2) 岩土工程勘察报告：由××地质工程勘察有限公司提供的《××汽车城发展有限公司地基岩土工程详细勘察报告》，报告日期：2014.04。补充说明为两份：《××汽车城发展有限公司地基岩土工程详细勘察报告》补充说明-2014.07.24、2014.08.12。

(3) 抗震设防烈度、基本风压、基本雪压。

幼儿园	多层住宅、汽配中心办公零售楼	幼儿园、多层住宅、汽配中心办公零售楼					
建筑抗震设防类别	建筑抗震设防类别	抗震设防烈度	设计地震分组	设计基本地震加速度	建筑场地类别	基本风压	地面粗糙度
重点设防类	标准设防类	6度	第一组	0.05g	Ⅱ类	0.30kN/m² (50年)	B类

2.3 主要设计规范、规程以及技术规定

建筑结构可靠度设计统一标准 GB 50068-2001
钢筋焊接及验收规程 JGJ 18-2012
工程结构可靠性设计统一标准 GB 50153-2008
钢筋机械连接技术规程 JGJ 107-2010
建筑工程抗震设防分类标准 GB 50223-2008
建筑桩基技术规范 JGJ 94-2008
建筑地基基础设计规范 GB 50007-2011
建筑基桩检测技术规范 JGJ 106-2014
建筑结构荷载规范 GB 50009-2012
混凝土结构工程施工质量验收规范 GB 50204-2015
混凝土结构设计规范 GB 50010-2010
建筑地基基础工程施工质量验收规范 GB 50202-2002
建筑抗震设计规范 GB 50011-2010
钢筋混凝土用钢 第1部分 热轧光圆钢筋 GB 1499.1-2008
地下工程防水技术规范 GB 50108-2008
钢筋混凝土用钢 第2部分 热轧带肋钢筋 GB 1499.2-2007
混凝土结构耐久性设计规范 GB/T 50476—2008
钢筋混凝土用余热处理钢筋 GB 13014-2013
高层建筑混凝土结构技术规程 JGJ 3-2010
混凝土小型空心砌块建筑技术规程 JGJ/T 14-2011
工业建筑防腐蚀设计规范 GB 50046-2008

注：1．除上述所列外，本工程施工尚应执行国家、省委及地方制定的设计和施工的现行标准、规范、规程和规定；

2．当上述标准出现新版本取代图纸选用的版本时，施工时应执行最新有效版本；

3．当检测验收要求指标值在上述不同规范规程中的要求不一致时，应以较严格要求为准；当要求有冲突时，应由设计确定。

2.4 本工程执行的主要图集

混凝土结构施工图平面整体表示法制图规则和构造详图(中国建筑标准设计研究院编制)

现浇混凝土框架、剪力墙、梁、板 11G101-1
现浇混凝土板式楼梯 11G101-2
独立基础、条形基础、筏形基础及桩基承台 11G101-3
地下建筑防水构造 10J301
框架结构填充小型空心砌块墙体结构构造 02SG614
砌体填充墙结构构造 12SG614-1

注：1．除本工程设计图纸明确外，施工时应执行以上图集的要求；

2．当上述图集存在与最新执行的规范、规程要求不符时，施工时应执行最新规范、规程的有关要求；当上述图集出现新版本取代图纸选用的版本时，施工时应执行最新有效版本。

2.5 结构类型及设计分类等级

结构类型	结构抗震等级	
幼儿园、多层住宅、汽配中心办公零售楼	幼儿园	多层住宅、汽配中心办公零售楼
框架	三级	四级

抗震措施采用的设防烈度	建筑结构安全等级	建筑物耐火等级	人防抗力等级	砌体施工质量等级	地基基础设计等级
6度	二 级	一 级	无人防	B级	丙级

2.6 设计主要活荷载（可变荷载）取值、覆土厚度

(1) 楼面、地面均布活荷载标准值及主要设备控制荷载标准值，单位：kN/m²（kPa）。

部位	客厅、卧室	走廊、过道	办公楼	楼梯	厨房	阳台	商业	上人屋面	不上人屋面
荷载	2.0	3.5	2.0	3.5	2.0	2.5	3.5	2.0	0.5

部位	一层室外地面	客车通道	电梯机房	通风机房	露台	储藏间	卫生间			
荷载					2.5	5.0	2.5			

(2) 地下室顶板覆盖层(含覆土、防水层等在内)厚度按建筑施工图标高.

(3) 施工荷载：(首层无结构板)

2.7 结构整体计算程序采用SATWE，版本号10版2011年9月；编制单位为中国建筑科学研究院。

3. 主要建筑材料技术指标

3.1 钢筋、钢材和焊条

钢筋技术指标应符合《混凝土结构设计规范》(GB 50010-2010)要求，其强度标准值应具有≥95％的保证率。

(1)热轧钢筋。

钢筋种类、符号	HPB300 (Φ)	HRB335、HRB335E(Φ)	HRB400、HRB400E(Φ)	HRB500、HRB500E(Φ)
f_y/f_y'(N/mm²)	270/270	300/300	360/360	435/410
f_{yk}/f_{stk}(N/mm²)	300/420	335/455	400/540	500/630
本工程采用的直径范围	本工程未采用	本工程未采用	Φ6~Φ25	本工程未采用

注：1．抗震等级一、二、三级的框架和斜撑构件(含楼梯的梯段)，其纵向受力钢筋应采用抗震钢筋(带E标识的钢筋)，钢筋的抗拉强度实测值与屈服强度实测值的比值不应小于1.25,钢筋的屈服强度实测值与屈服强度标准值的比值不应大于1.30，且钢筋在最大拉力下的总伸长率实测值不应小于9%。

2．热轧光圆钢筋应符合GB1499.1标准的规定，热轧带肋钢筋应符合GB1499.2标准的规定。钢筋的化学成分(碳、硫、磷等含量)、力学性能(抗拉强度、屈服强度、伸长率等)以及冷弯试验须满足该标准相关技术要求。

(2)RRB400级余热处理钢筋：$f_y=f_y'$=360N/mm²，f_{yk}=400N/mm²，f_{stk}=540N/mm²。

(3)预应力钢绞线：f_{py}=1320N/mm²，f_{py}'=390N/mm²，f_{ptk}=1860N/mm²

(4)钢材：钢板Q235-B、热轧普通型钢Q235-B,

(5)焊条：E43系列用于焊接HPB300钢筋、Q235B钢板型钢；E50系列用于焊接HRB335钢筋；E55系列用于焊接HRB400热轧钢筋。不同材质时，焊条应与低强度等级材质匹配t

(6)钢筋机械接头的抗拉强度。

接头等级	Ⅰ级	Ⅱ级	Ⅲ级	
抗拉强度	$f^0_{mst} \geq f_{stk}$ 断于钢筋 或$f^0_{mst} \geq 1.10 f_{stk}$ 断于接头	$f^0_{mst} \geq f_{stk}$	$f^0_{mst} \geq 1.25 f_{yk}$	f^0_{mst}——接头试件实测抗拉强度； f_{stk}——钢筋抗拉强度标准值

备注 REMARKS

版本及变更记录

✓—— 本次
⊖—— 新增
×—— 删除

平面示意图

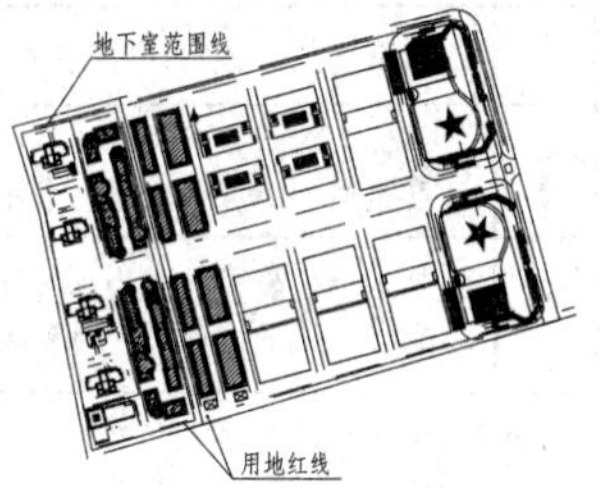

地下室范围线
用地红线

加盖图章处 STAMP AREA

签字栏 SIGN		
项目总负责 GENERAL PROJECT CAPTAIN		
项目负责人 PROJECT CAPTAIN		
审 定 AUTHORIZED BY		
审 核 EXAMINED BY		
专业负责人 MAIN ENGINEER		
校 对 人 CHECKED BY		
设 计 人 DESIGNED BY		
制 图 人 DRAWN BY		

建设单位 CLIENT	××汽车城发展有限公司
工程名称 PROJECT	××汽车城一期项目(二)
单项名称 ITEM	13栋~26栋、31栋
图 名 DRAWING TITLE	结构设计总说明（一）
设计号 PROJECT No.	SZ131205

版 次 REVISION No.	日 期 DATE	版 次 REVISION No.	日 期 DATE
1	2014.11		
图 别 TYPE	结 施	图 号 No.	GS-T-01

结构设计总说明（二）

(7)当需要进行钢筋代换时，应征得设计同意。

3.2 混凝土

本工程采用预拌混凝土，其技术指标应符合《混凝土结构设计规范》(GB 50010-2010)的要求。

(1)混凝土环境类别及耐久性要求。

序号	部位或构件	环境类别	最大水胶比	最小水泥用量	最大氯离子含量	最大碱含量
1	除下述2、3项以外的室内构件	一 类	0.60	225kg/m³	0.30%	
2	屋面、各类露天构件 卫生间、厨房、水池、水箱	二a类	0.55	250kg/m³	0.20%	3.0kg/m³
3	与土接触的混凝土构件(基础、底板、地梁、外墙、顶板等)	二a类	0.55	275kg/m³	0.20%	3.0kg/m³

注：1. 当混凝土中加入矿物掺合料时，表中“水泥用量”为“胶凝材料用量”；
2. 氯离子含量系指其占胶凝材料总量的百分比；
3. 当使用非碱活性骨料时，对混凝土中的碱含量可不做限制；
4. 对于地下防水构件，纯水泥用量不宜小于260kg/m³，但不宜大于280kg/m³。

(2)混凝土强度等级以各栋图纸为准。

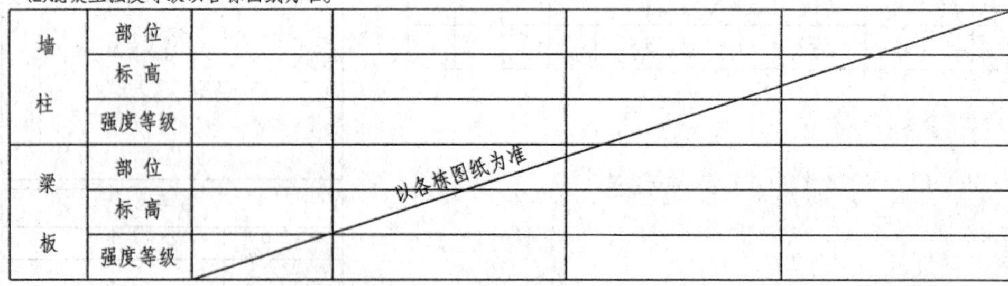

墙柱	部 位	以各栋图纸为准			
	标 高				
	强度等级				
梁板	部 位				
	标 高				
	强度等级				

部位或构件	基础	基础梁	基础垫层	女儿墙	过梁/构造柱/圈梁等
强度等级	以地下室图纸为准		C15	C25	C25

注：1. 地下室其他构件(如夹层、风道、出地面风口、出地面楼梯间、设备基础等)，未注明者，混凝土强度等级均取C30；地面以上的其他构件(如夹层、后浇的井洞反边、盖板、设备基础等)，未注明者，混凝土强度等级均取C25。
2. 除框支柱及注明者外，与地下室外墙相连的框架柱混凝土强度等级与外墙相同。
3. 除注明外，连梁混凝土强度等级与剪力墙相同。

(3)防水混凝土抗渗等级。

部位或构件	地下室底板(含承台、地梁)	地下室外墙	地下室顶盖	屋盖	卫生间	水池/水箱/泳池等
抗渗等级	P6	P6	P6	P6	P6	P6

水泥强度等级不低于42.5MPa；水泥品种应采用硅酸盐水泥、普通硅酸盐水泥。泵送防水混凝土入泵坍落度控制在120~160mm。

3.3 膨胀剂

混凝土外加剂应符合《混凝土外加剂应用技术规范》(GB 50119-2013)及国家或行业相关标准。

本工程主体结构构件的后浇带采用填充用膨胀混凝土，下表所述的部位(除后浇带外)采用补偿收缩混凝土。膨胀剂采用硫铝酸钙类。下表为使用膨胀剂的部位，膨胀剂品种和掺量应经试验确定。

部位	地下室底板(含独基/承台/地梁)	地下室外墙(含与外墙重合的柱)	地下室顶盖	水池、水箱、泳池隔油池、化粪池	后浇带(含主体构件其他后浇区)
类型	补偿收缩混凝土				填充用膨胀混凝土

膨胀剂掺量为水泥、膨胀剂、掺合料总重量的百分比。补偿收缩混凝土水中养护14天的限制膨胀率应≥2.0x10-4(后浇带≥3.0x10⁻⁴)，水中养护14天，空气中养护28天的限制干缩率≤3.0x10⁻⁴，28天的抗压强度≥25MPa(后浇带≥30MPa)。

X3.4 合成纤维

本工程______混凝土中，掺加______合成纤维。纤维直径为11~13μm，长度12~20mm。抗拉强度不小于900MPa；弹性模量不低于2.1x10⁴ MPa；极限伸长率11% ~ 18%。掺量建议值为0.9kg/m³，具体掺量应经试验确定。试验评定标准按《纤维混凝土结构技术规程》附录D执行，限裂等级不低于二级；其他参数和性能要求按该规程执行。纤维在拌合物中应分散均匀，并进行检验。

X3.5 阻锈剂

本工程______混凝土构件，采用外涂型阻锈剂，其用量、涂覆次数及间隔时间应由试验确定。阻锈剂性能及施工应符合《钢筋阻锈剂应用技术规程》(JGJ/T 192-2009)规定。

3.6 填充墙砌块和砂浆、成品墙板要求如下表；砂浆应采用预拌砂浆。

项次	位 置	砌块材料	砌块强度等级	砂浆材料	砂浆强度等级	砌块允许容重
1	外墙(除第3项外)	200厚页岩多孔砖	MU10	配套砌筑砂浆	Mb7.5	≤12kN/m³
2	内隔墙(除第3项外)	200厚蒸压加气混凝土砌块	A5.0	配套砌筑砂浆	Mb5.0	≤7.5kN/m³
3	地下室墙体	200厚页岩多孔砖	MU10	水泥砂浆	M7.5	≤12kN/m³

3.7 幕墙(含横梁立柱、连接件等)质量：玻璃幕墙≤1.0kN/m²，石材幕墙 ≤1.2kN/m²。

3.8 当结构板面标高低于建筑标高需要回填找平时，除注明外，填料选用泡沫混凝土；其容重≤12.0 kN/m³，抗压强度不小于 0.7MPa。

4. 钢筋混凝土保护层厚度以及钢筋连接锚固

4.1 普通钢筋及预应力筋的混凝土保护层厚度应满足以下要求，且不应小于钢筋的公称直径。

(1)混凝土构件最外层钢筋的保护层厚度应不小于下表要求。

环境类别	板、墙、壳		梁 柱	
	≤C25	≥C30	≤C25	≥C30
一	20	15	25	20
二a	25	20	30	25
二b	30	25	40	35
三a	—	30	—	40
三b、五	—	40	—	50

注：斜撑保护层按梁、柱要求。

(2)地下防水混凝土构件、基础最外层钢筋的混凝土保护层厚度。

防水混凝土部位或构件	地下室底板、承台			地下室外墙		水箱水池	其 他	
	承台	板	梁	墙	柱		独立基础	灌注桩
保护层厚度	内 20 外 100	内 15 外 50	内 20 外 50	内 15 外 50	内 20 外 50	内 50 外 20	40	60

注：1. 表中“内”“外”指地下室内侧/背水面、地下室外侧/迎水面；地下室区域之外的承台保护层要求同“独立基础”。
2. 消防水池等区域的地下室底板，其内侧面的钢筋保护层尚应满足4.1(1)条要求。

(3)当上部墙柱伸入地下与土体接触、或其中一段墙柱临水时，无论其外表面是否设置了建筑防水层，墙柱迎水面、接触土体面的钢筋保护层应按上部结构的保护层厚度增加S=35(墙)、30(柱)，见图一。墙柱详图或墙柱表中标注的墙柱截面尺寸未包括图一中所增加的保护层厚度。

4.2 当梁、柱、墙中纵向钢筋保护层厚度大于50时，采取以下措施：

地下室外墙掺加聚丙烯腈纤维混凝土；其他部位，在保护层中配置钢筋网片Φ4@150x150，其保护层不小于25；并采取有效的定位措施，避免钢筋网片与梁柱墙的纵筋、箍筋接触。

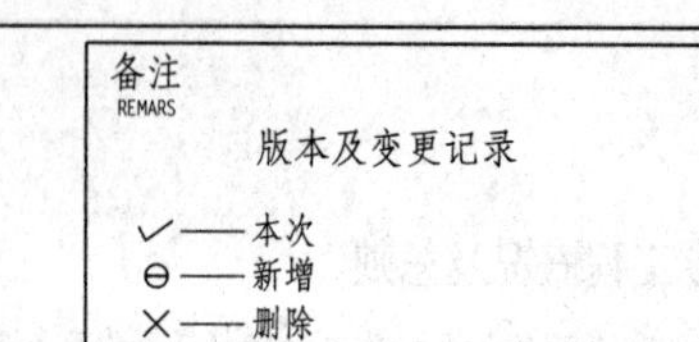

平面示意图

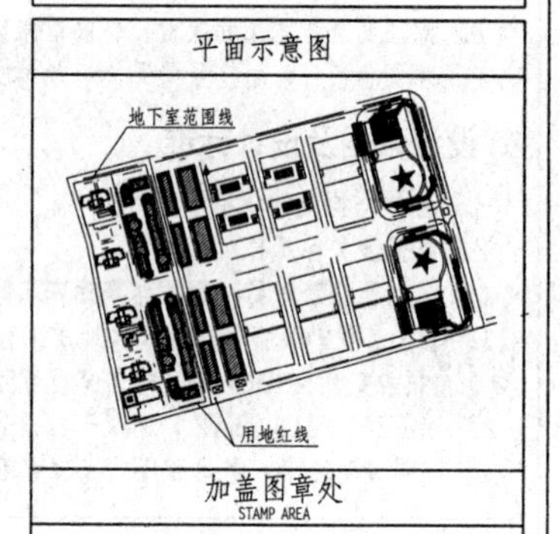

加盖图章处
STAMP AREA

签字栏
SIGN

项目总负责 GENERAL PROJECT CAPTAIN		
项目负责人 PROJECT CAPTAIN		
审 定 AUTHORIZED BY		
审 核 EXAMINED BY		
专业负责人 MAIN ENGINEER		
校 对 人 CHECKED BY		
设 计 人 DESIGNED BY		
制 图 人 DRAWN BY		

建设单位 CLIENT	××汽车城发展有限公司
工程名称 PROJECT	××汽车城一期项目(二)
单项名称 ITEM	13栋~26栋、31栋
图 名 DRAWING TITLE	结构设计总说明（二）
设计号 PROJECT No.	SZ131205

版 次 REVISION No.	日 期 DATE	版 次 REVISION No.	日 期 DATE
1	2014.11		
图 别 TYPE	结 施	图 号 No.	GS-T-01

h(b)
背水面
S
地面
基础
或底板
50
迎水面

图一 墙(柱)纵筋保护层加厚图

结构设计总说明（三）

4.3 纵向受力钢筋的连接

(1)下挂柱、吊挂夹层的竖向构件、桁架和拱的拉杆等轴心受拉及小偏心受拉的构件，纵向钢筋宜采用机械接头,不得采用绑扎搭接接头。直接承受动力荷载的结构构件中，应采用机械接头。

(2) 直径d≥25纵筋、楼层竖向构件中d≥22纵筋、框支柱和框支梁纵筋应采用机械连接。采用机械连接时，框支柱、框支梁采用不低于Ⅱ级的机械连接接头；其他构件可采用Ⅱ级、Ⅲ级机械连接接头。

(3)受力钢筋的连接接头应设置在受力较小处。在同一根受力钢筋上宜少设接头。在结构的重要构件和关键传力部位(如框架梁端、柱端箍筋加密区)不宜设置连接接头，梁柱节点核心区不得设置接头。无法避开框架梁端、柱端箍筋加密区时，应采用Ⅰ级机械接头。

(4)位于同一连接区段内的受拉钢筋接头百分率：

1)搭接、焊接接头面积百分率不应大于50%;接头位置应符合标准图集、本总说明相关条文要求；

2)机械接头面积百分率,避开框架梁端、柱端箍筋加密区时,Ⅱ级接头不应大于50%,Ⅲ级接头不应大于 25%,Ⅰ级接头可不受接头百分率限制；

位于框架梁端、柱端箍筋加密区的Ⅰ级机械接头，接头百分率不应大于50%。

3)直接承受动力荷载构件的机械接头，应满足疲劳性能要求，接头百分率不应大于50%。

(5)在搭接区段范围内箍筋必须加密，间距取搭接钢筋较小直径的5倍和 100mm两者之中的较小值；当受压钢筋直径大于25mm时，应在搭接接头两个端面外100mm范围内各设置两道箍筋。

(6)纵向受力钢筋的连接部位要求：

1)楼层梁纵筋和楼板钢筋：上部纵筋一般在跨中1／3范围内连接；下部纵筋尽量锚固在支座内，或在跨中1／3范围之外弯矩较小处连接。

2)地下室底板和相应的基础梁按倒置板、倒置梁要求，除特别注明外，上部纵筋一般在跨中1／3范围之外连接或锚固在支座内，下部纵筋一般在跨中1／3范围之内连接；上部纵筋的锚固长度从柱边起算，下部纵筋在支座范围内拉通。

4.4 纵向受拉钢筋的锚固方式、锚固长度、搭接长度等，需按照11G101-1执行。

4.5 钢筋混凝土墙、柱纵向钢筋伸入承台或基础内时，除满足锚固长度要求外，尚应符合以下要求：

(1)基础高度h<1400时，钢筋应全部伸至基础底面，且角部钢筋水平弯折(≥150)；

(2)基础高度h≥1400时，柱、剪力墙暗柱(端柱、短肢剪力墙)的角部钢筋伸至基础底面且水平弯折≥150；当墙、柱的角筋间距大于1.0m时，应增加伸至基础底面的纵筋根数，使伸至基础底面的纵筋间距不大于1.0m。除以下部位外，其余的墙、柱钢筋锚固长度满足l_{aE} 即可：

1)地下室外墙的外侧钢筋，应全部伸到基础底部，且水平弯折≥150；

2)抗拔桩上承台对应的墙柱，承台范围内的墙柱钢筋应全部伸至承台底面且弯折≥150；

(3)柱、暗柱在承台或基础内设置三道纵筋的稳定箍筋，仅设外围箍，箍筋直径取与该构件底层外箍相同直径。

5. 地基与基础

5.1 场地地质情况

(1)场地主要土（岩）层由上至下主要为：①素填土（Qal)：黄色，湿，结构松散;②砾质黏性土（Q4al)：黄色，棕红色，稍湿，结构紧密，呈可塑至硬塑态；③强风化泥质粉砂岩（k)：褐黄色，棕红色，软质岩石，厚层状，块状结构，风化强烈，裂缝发育，芯样松散，呈砂砾状；④中风化泥质粉砂岩（k)：褐黄色，棕红色，软质岩石，厚层状，块状结构，夹砂砾岩，裂缝较发育，芯呈短柱状或碎块状，陆相沉积，性质较好，一般无岩洞发育。

(2)本工程场地有不良地质情况。

(3)抗浮水位设计标高为场地地下水贫乏，建筑物地下室可不进行抗浮设计。

(4)地下水和土对混凝土具微腐蚀性，相关构件须按《工业建筑防腐蚀设计规范》(GB 50046-2008)以及《建筑防腐蚀工程施工规范》(GB 50212-2014)要求进行防护。

5.2 基础类型

天然地基基础	基础类型	地基持力层	地基承载力特征值	
	以地下室图纸为准			

桩基础	成桩类型	受力类型	桩身直径	桩端持力层	单桩竖向抗压(抗拔)承载力特征值
	以地下室图纸为准				

5.3 基坑开挖及支护

(1)在建设场区及其周边，由于施工或其他因素的影响有可能形成滑坡及崩塌、泥石流等不良地质现象的地段，必须进行边坡稳定性评价，制定防治方案并采取可靠的预防措施。对具有发展趋势并威胁建筑物安全使用的滑坡及其他不良地质现象，应该及早整治，防止其继续发展。

(2)深基坑、高边坡开挖与支护应由具备资质的设计单位设计。施工前应做好基坑、高边坡开挖与支护的施工组织设计，充分考虑到开挖施工与地下水位变化引起的基坑内外土体的变形及其对基础桩、邻近建筑物和周边环境的影响，同时确认开挖施工方法的可行性及提出施工过程中的监测要求。工程桩施工期间应注意对邻近建筑物和周边环境的影响。

(3)基坑开挖应严格按基坑支护设计进行，不得超挖，基坑周边施工荷载不得超出设计要求。

(4)在采用机械开挖基坑时，在接近设计标高时必须预留一定厚度的土层使用人工挖掘。预留土层厚度视施工水平而定，一般可取300～500mm。

(5)地下室底板下土层为淤泥、淤泥质土层时，施工时应注意对基槽底面原状土层的保护，减少扰动。同时在素混凝土垫层下设置碎石垫层，其压实厚度不小于200mm。

(6)土方开挖完成后应立即对基坑进行封闭，防止水浸和暴露，验槽合格后，应及时进行地下结构施工。对于特大型基坑，宜分区分块挖至设计标高，分区分块及时浇筑垫层。

(7)地下工程施工时，地下水位应降至工程底部最低高程500mm以下。

(8)停止降水时，应确保结构不会因水浮力而上浮。除注明外，一般应在地下室顶板覆土完成、上部结构施工至六层楼面标高，方可完全停止降水。如果提前停止降水，应征得设计同意。

5.4 基础施工

(1)基槽（坑）开挖后应进行基槽检验。当发现与勘察报告和设计文件不一致、或遇到异常情况时，应及时通知设计处理。桩基正式施工前，应先进行试成桩并进行桩身质量、承载力检验；施工完成后的工程桩应进行桩身质量、承载力检验。验收合格后，方可进行基础、承台和地下室底板的施工。

(2)除注明外，基础(含承台、基础梁)底部垫层厚度100，每边扩出基础边缘 ≥100。承台、基础梁侧面可采用非黏土砖模或其他可靠有效的支护方法，砖模及其他支护做法由施工组织方案最终确定。

(3)地下室内排水管沟、轻型设备基础应根据相关专业的要求，在施工室内垫层时准确定位，浇捣成型。

(4)地下室大体积混凝土的施工，应符合《大体积混凝土施工规范》(GB 50496-2009)的要求，并采取以下措施：

1)采用低热或中热水泥，掺加粉煤灰、磨细矿渣粉等掺合料，并掺入减水剂等外加剂；

2)在炎热季节，采用降低原材料温度、减少混凝土运输时吸收外界热量等降温措施；

3)对于厚板承台等构件，可在混凝土内部预埋管道，进行水冷散热；

4)采取保温保湿养护。混凝土中心温度与表面温度的差值不应大于25℃，混凝土表面温度与大气温度的差值不应大于25℃。

(5)防水混凝土终凝后应立即进行养护，养护时间不得少于14天。

5.5 防水混凝土应连续浇筑，宜少留施工缝。当外墙留设施工缝时，施工缝防水构造按 10J301第42页详图①，并应符合以下规定：

(1)水平施工缝留在高出底板300~500的墙体上；墙体有预留孔洞时，施工缝距孔边缘应不小于300。

(2)地下室顶板宜与外墙分开浇筑，墙体顶部水平施工缝宜设置在梁（暗梁）下250处。当顶板与外墙一起浇筑时，应加强墙体内侧面的养护。地下层数多于一层时，地下室楼板也宜与外墙分开浇筑。

5.6 钢筋绑扎及水平分布筋连接

(1)地下室底板钢筋层数常较多，应按相关详图的要求合理排布上下层钢筋，避免超浇；承台不得采用钢管作为钢筋网的支撑。

(2)防水混凝土构件内部设置的各种钢筋或绑扎钢丝，不得接触模板。

5.7 地下室外墙竖向纵筋在墙顶的锚固方式，应按照11G101-1第77页详图3“顶板作为外墙的弹性嵌固支承”要求。

5.8 地下防水构件变形缝两侧结构板厚度小于300处，以及变形缝两侧的结构板底部不平齐处，建筑防水构造要求需要时可按图二加厚处理。增加的厚度不大于300时倾角β取45°，大于300时取60°。

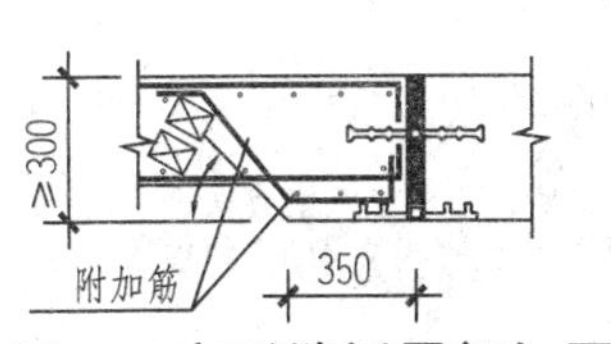

图二　变形缝板局部加厚

备注
REMARKS

版本及变更记录

✓——本次
⊖——新增
×——删除

平面示意图

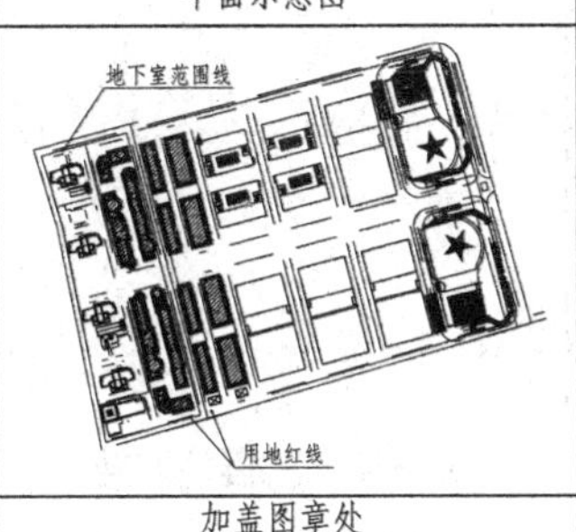

加盖图章处
STAMP AREA

签字栏 SIGN		
项目总负责 GENERAL PROJECT CAPTAIN		
项目负责人 PROJECT CAPTAIN		
审　定 AUTHORIZED BY		
审　核 EXAMINED BY		
专业负责人 MAIN ENGINEER		
校 对 人 CHECKED BY		
设 计 人 DESIGNED BY		
制 图 人 DRAWN BY		

建设单位 CLIENT	××汽车城发展有限公司
工程名称 PROJECT	××汽车城一期项目(二)
单项名称 ITEM	13栋~26栋、31栋
图　名 DRAWING TITLE	结构设计总说明（三）
设计号 PROJECT No.	SZ131205

版 次 REVISION No.	日 期 DATE	版 次 REVISION No.	日 期 DATE
1	2014.11		
图 别 TYPE	结　施	图 号 No.	GS-T-01

结构设计总说明（四）

5.9 基坑回填

承台和地下室外墙与基坑侧壁间隙应灌注素混凝土或搅拌流动性水泥土，或采用灰土、级配砂石、压实性较好的素土分层夯实，防水层外侧区域的填土尚应按建筑要求选料。回填土应分层夯实，每层厚度不大于250(人工夯实)、300(机械夯实)，并应防止损伤防水层。压实系数不小于0.94。

5.10 当首层厚度不大于100的隔墙直接支承于回填土上时，应将建筑面层局部加厚处理，见图三。

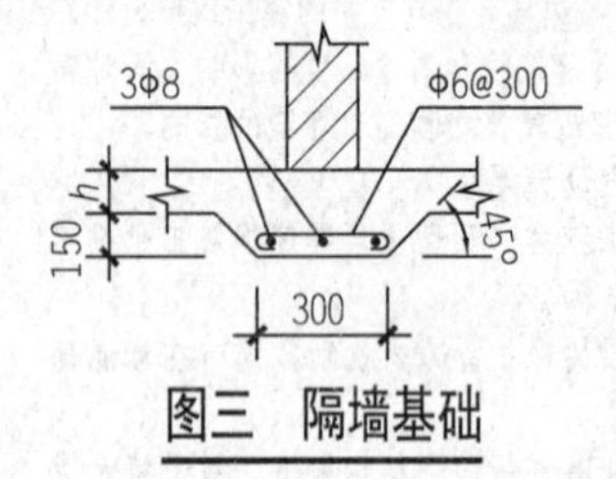

图三　隔墙基础

6. 框架、抗震墙和楼板构造要求

6.1 框架

(1)梁、柱、墙表示方法按标准图集11G101-1;并按，“11G101-1梁柱墙平法补充及调整”设计图施工。设计图与标准图表示方法或要求不同处，以设计图为准。

(2)框支柱、异形柱梁柱节点区内混凝土按柱强度等级要求施工；其他框架柱的梁柱节点区，节点区内的混凝土强度等级相差1个等级(C5)之内时，可按低等级施工；当等级差异2个等级(含）以上时，按高等级施工；见图四。梁、楼板与剪力墙相交节点，节点区应按剪力墙强度等级施工。

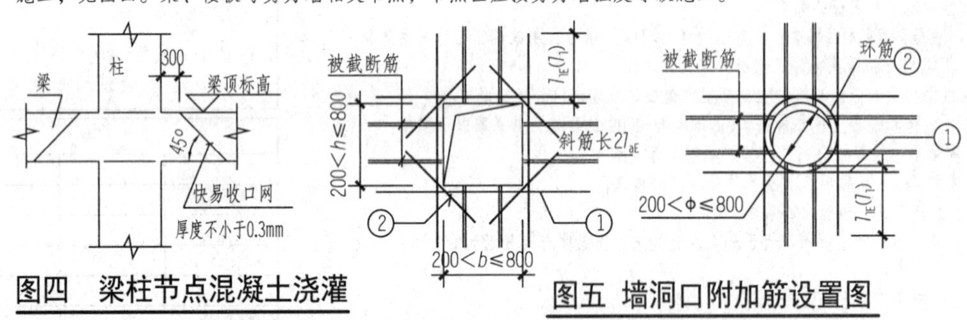

图四　梁柱节点混凝土浇灌　　图五　墙洞口附加筋设置图

6.2 剪力墙（包括地下室墙体）

(1)除注明者外，墙体水平钢筋放在外侧，墙体钢筋网之间设A6@600x600拉筋。

(2)除注明外，连梁高度范围内的墙肢水平分布筋应在连梁内拉通作为连梁的腰筋。

(3)套管穿墙和墙体开洞处，钢筋按以下要求设置：洞口尺寸（套管直径Φ<外径>或洞口长边b）≤200时，钢筋绕过洞口；洞口尺寸为200<Φ(b)≤800时，按图五设置洞口附加钢筋，洞口每侧附加钢筋①号筋不少于该方向被截断钢筋面积的一半，而且①②号钢筋均不少于以下数量（每侧）：

墙厚b≤200时，2Φ14；200<b≤300时，2Φ16；

300<b≤400时，3Φ16；400<b≤500时，3Φ18。

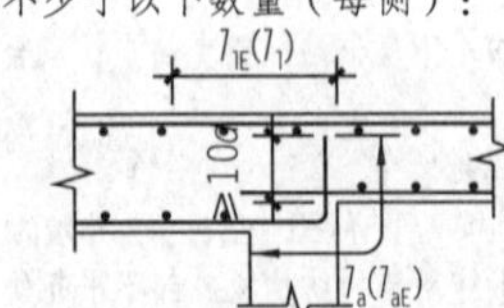

图六 不等厚墙水平筋连接平面示意图

(4)不同厚度的钢筋混凝土墙交接时，墙钢水平筋连接见图六。

6.3 楼板

(1)板底部钢筋，短跨方向筋放在下层。除注明外，支座面筋的分布钢筋为\6@200。

(2)楼板钢筋基本构造要求按11G101-1，其连接锚固尚应符合以下要求：

1)在端支座位置，支座面筋应伸到支座对边再向下弯折15d；仅当支座截面较宽、面筋直段长度大于$0.6l_{ab}$时，支座面筋直段长度可取$0.6l_{ab}$、且伸过支座中心线再向下弯折15d；悬挑板面筋尚应满足l_a的锚固要求。

2)相邻板的面筋互锚在支座而未拉通时，其均须伸过支座中心线并均满足l_l的要求。标高较高的板块的面筋需下弯15d；当两侧板的标高相同时，两侧板面筋均尚需向下弯折15d。

3)仅当板支座为剪力墙、框架柱时(除墙顶、柱顶所在位置外)，板面筋直段满足l_a长度后，可直锚不再弯折。

4)对于建筑物长度超过45m的结构平面，该层板底筋伸入支座内长度不小于15d，且伸过支座中心线。

5)转换层楼板与剪力墙交接处，板面筋、底筋的锚固尚应满足l_a长度。

(3)楼板内的设备预埋管上方无板面钢筋时，沿预埋管走向设置板面附加钢筋网带，钢筋网带取6@150x200，最外排预埋管中心至钢丝网带边缘水平距离150。见图七。

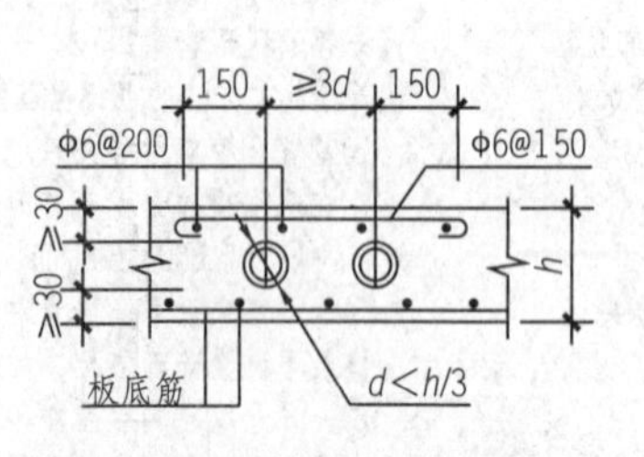

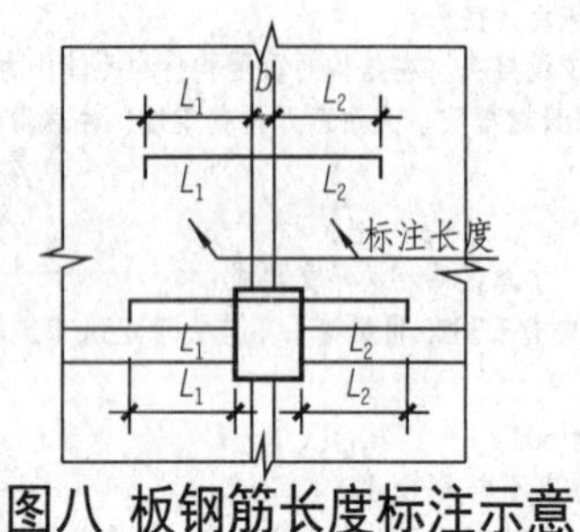

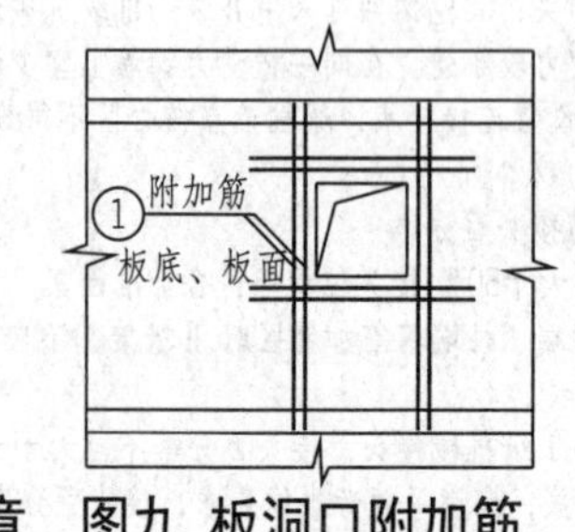

图七 预埋管处附加钢筋图　图八 板钢筋长度标注示意　图九 板洞口附加筋

(4)未注明楼板支座面筋长度标注尺寸界线时，板面筋下方的标注数值为面筋自梁(墙、柱)边起算的直线长度,见图八。

(5)楼面板、屋面板开洞，当洞口长边b(直径Φ)小于或等于300时，结构不标注。施工时各工种必须根据各专业图纸配合土建预留全部孔洞。

(6)楼面板、屋面板开洞处，当洞口长边b(直径Φ)小于或等于300时，钢筋可绕过不截断；当300<b(Φ)≤1000时，板底、板面分别按图九设置 ①号附加钢筋,每侧附加钢筋面积不小于同方向被截断钢筋面积的一半，且不小于以下数值：板厚h≤120时，2Φ10；120<h≤150时，2Φ12；h>150时，2Φ14。对于圆形洞口，尚应绕洞边设置上下各1Φ10(h≤150)、1Φ12(h>150)环筋，环筋搭接$1.2l_a$。短跨方向的洞边附加筋应伸入支座。单向板长跨方向附加筋锚入板内1.4la；双向板洞口边长(直径)不大于500、且洞口距支座边缘的距离大于1.5m时，该方向该侧的附加筋锚入板内$1.4l_a$，其他附加筋应伸入支座。

(7)需封堵的给排水等设备管井，板内钢筋不截断，管道安装完毕后用C30混凝土封闭。

(8)当板角处标注“FGW”或“FGJ”时，表示该楼板在角部附设板面钢筋。标识“FGW—直径”时按图十布置附加钢筋网，附加钢筋与原有板面筋隔一加一设置；标识“FGJ-根数—直径@间距”时按图十一布置附加钢筋。(l_0为楼板短跨之净跨度)

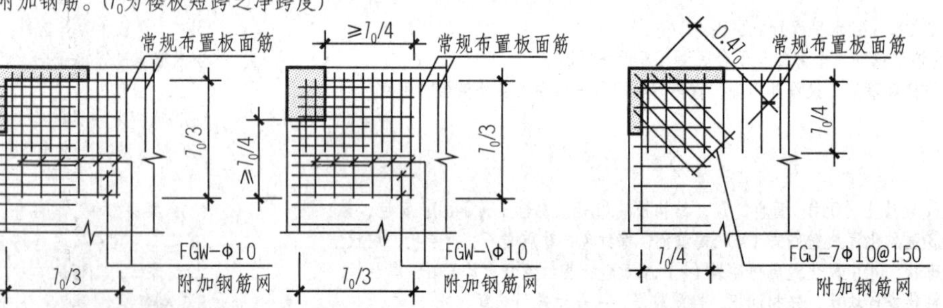

图十 端跨阳角板加强配筋图(一)　图十一 端跨阳角板加强配筋图(二)

6.4 当电梯基坑未落在结构底板(或基础)上,且基坑板下未设置实心柱墩延伸到结构底板(或基础)时，基坑板厚度应不小于250。

7. 砌体填充墙

7.1 砌体填充墙应沿柱(剪力墙)高每隔500配置2Φ6墙体拉筋。拉筋伸入墙内的长度，抗震措施采用的设防烈度7、8、9度时,拉筋应沿墙全长贯通；6度时楼梯间和疏散通道的填充墙拉筋沿墙全长贯通，其他墙体拉筋不应小于墙长的1/5且不小于1000。地面以下(B1层及以下)的填充墙拉筋按6度要求。

7.2 墙长大于5m时，墙顶与梁(板)应有拉结，见图十二。

7.3 墙长大于5m或超过层高2倍时，应设置钢筋混凝土构造柱，构造柱间距不超过4m。墙高度超过4m(厚度小于等于120的墙高度超过3m)时，墙体半高处(一般结合门窗洞口上方过梁位置)应设置与柱(剪力墙)连接且沿墙全长贯通的钢筋混凝土水平系梁(圈梁)，梁截面为墙厚bx150,纵筋4Φ10,箍筋Φ6@200。施工时预埋4Φ10与水平系梁纵筋连接。水平系梁遇过梁时，分别按截面、配筋较大者设置。

7.4 支承在悬臂梁或悬臂板上的墙体，墙端及外墙应设置构造柱，构造柱的间距不大于3m。当墙体与框架柱紧贴时(图十三)，框架柱位置应设GZ，并在框架柱（梁）内沿GZ高度方向设置Φ6@200,与GZ牢靠拉结。

备注 REMARKS

版本及变更记录

✓——本次
⊖——新增
×——删除

平面示意图

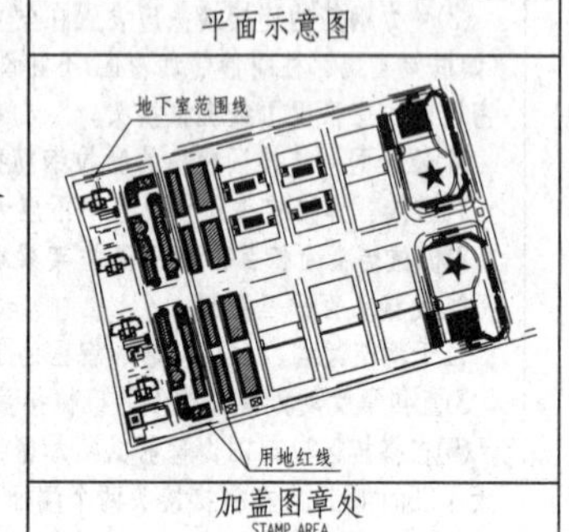

加盖图章处 STAMP AREA

签字栏 SIGN

项目总负责 GENERAL PROJECT CAPTAIN	
项目负责人 PROJECT CAPTAIN	
审定 AUTHORIZED BY	
审核 EXAMINED BY	
专业负责人 MAIN ENGINEER	
校对人 CHECKED BY	
设计人 DESIGNED BY	
制图人 DRAWN BY	

建设单位 CLIENT	XX汽车城发展有限公司
工程名称 PROJECT	XX汽车城一期项目(二)
单项名称 ITEM	13栋~26栋、31栋
图名 DRAWING TITLE	结构设计总说明（四）
设计号 PROJECT No.	SZ131205

版次 REVISION No.	日期 DATE	版次 REVISION No.	日期 DATE
1	2014.11		

图别 TYPE	结施	图号 No.	GS-T-02

结构设计总说明（五）

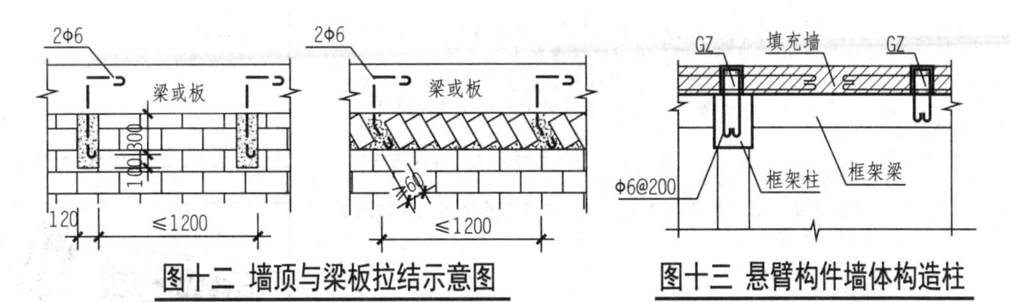

图十二 墙顶与梁板拉结示意图　　图十三 悬臂构件墙体构造柱

7.5 在宽度大于2m的洞口两侧、重型门(厂房门、车库门、人防门及门洞宽度大于1.5m的安全门和防火门等)的两侧、长度超过2.5m的独立墙体的端部，应设置构造柱。

7.6 当门洞墙垛的宽度小于200时，应按构造柱施工。

7.7 窗洞高度超过2.4m且其后无横墙支撑的窗间墙，应在窗间墙两侧设置构造柱；当后面无横墙支撑的窗间墙宽度小于600时，应按混凝土窗间墙施工。窗间墙混凝土强度等级取C20，纵筋取Φ10@200双排布置，封闭箍筋Φ6@200。

7.8 高层建筑的楼梯间填充墙构造柱间距不应大于层高且不大于4m。

7.9 本工程除注明者外，构造柱截面取墙厚x200，纵筋4Φ10，箍筋Φ6@200；施工时先砌墙后浇构造柱，在上下楼层梁相应位置预留纵筋与构造柱纵筋连接。

7.10 填充墙与构造柱交接处，应设墙体拉筋，见图十四；拉筋伸入墙内的长度要求同7.1条。

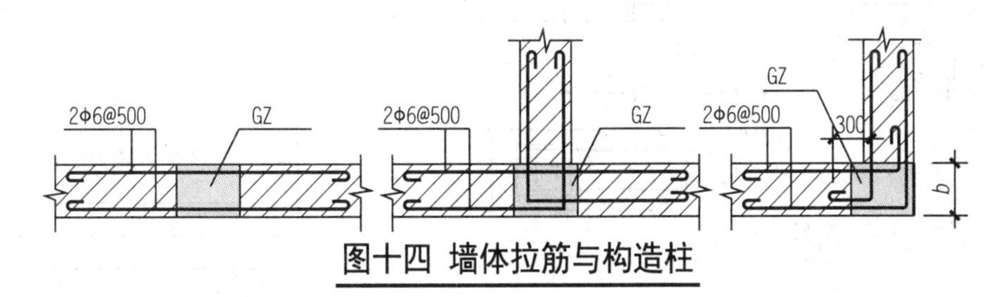

图十四 墙体拉筋与构造柱

7.11 楼梯间和疏散通道的填充墙，应采用镀锌钢丝网砂浆面层加强。钢丝材质性能不低于Q235-B,直径不小于2mm,网孔不大于25x25。钢丝网与墙体之间应设不锈钢钢钉连接，锚入基层40~50牢固固定；钢钉应按梅花形布置，间距不大于400x400。钢丝网需连接接长时，搭接长度不少于200，并加密钢钉。

7.12 门窗洞口等洞顶应设置钢筋混凝土过梁或下挂板，见图十五。

(1)过梁面距离梁(板)底不小于150时，采用过梁；小于150时，改为下挂板型式，下挂板应后浇。

(2)当洞侧与柱、抗震墙距离小于过梁支承长度a时，柱、墙应在相应位置预留连接钢筋。

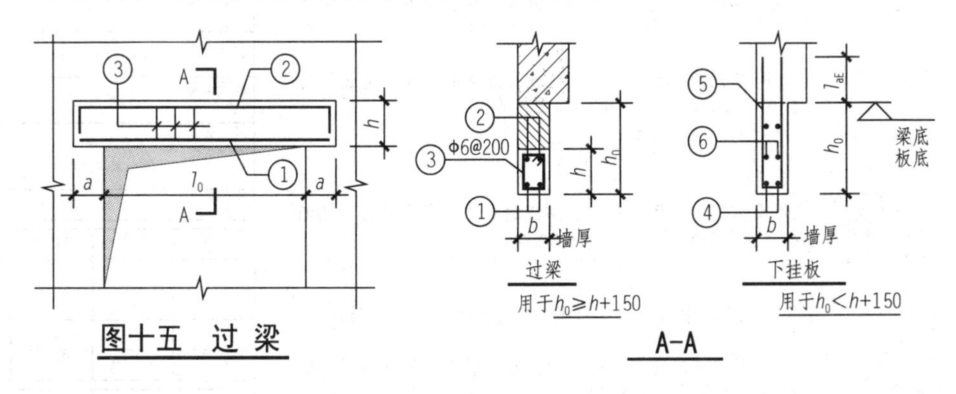

图十五 过 梁　　A-A

7.13 当外墙为砌块填充墙且洞口宽度不小于900时，应在窗台部位设现浇钢筋混凝土压顶，截面为墙厚x100，内配2Φ10，水平拉筋(单肢)Φ6@200，压顶两端各伸入砌体内不小于400。

7.14 当外墙设置通长窗时，窗下应设现浇钢筋混凝土压顶，截面为墙厚x120,内配纵筋2Φ12(面筋),水平拉筋Φ6@200;压顶下应设置构造柱，构造柱截面为墙厚x200,纵筋4Φ12，箍筋Φ6@200；构造柱间距不大于3m。压顶与构造柱(框架柱)纵筋搭接、锚固长度不小于500mm及l_{aE}。

过梁表

洞口净跨l_0	l_0≤1000	1000<l_0≤1500	1500<l_0≤2000	2000<l_0≤2500	2500<l_0≤3000	3000<l_0≤3500
梁 高h	120	120	150	180	240	300
支承长度a	240	240	240	370	370	370
面 筋②	2Φ10	2Φ10	2Φ12	2Φ12	2Φ12	2Φ12
底 筋①	2Φ12	2Φ12	2Φ14	2Φ14	2Φ16	2Φ16

下挂板配筋(适用于下挂板为单向板情况)	墙 厚 b	b≤140	140<b≤190	190<b≤240
	底 筋④	2Φ12	2Φ12	3Φ12
	吊 筋⑤	Φ10@200	Φ10@150	Φ10@150
	分布筋⑥	Φ6@200	Φ6@150	Φ8@200

注：跨度大于上表的过梁截面配筋另见具体设计图；或按上图设置下挂板，④号筋改为3Φ16，⑤号筋改为Φ12@150。

7.15 当门洞边距柱、剪力墙水平距离L小于等于100时，则后浇钢筋混凝土构造柱(门垛)，其顶部高度与洞口高度相平，见图十六。

7.16 填充墙砌筑的电梯井筒，四角无框架柱(剪力墙)处应设置构造柱，截面取墙厚x240,纵筋4Φ12，箍筋Φ6@200；楼层(梁)之间设置周圈圈梁(除电梯门所在的墙面外)，截面为墙厚x350，纵筋4Φ12,箍筋Φ6@200。圈梁与圈梁、楼层梁之间的距离不大于2500(客梯)、2000(货梯),且井道最上端圈梁中心距井道顶板底取500(有机房电梯)、1000(无机房电梯)。电梯门洞上方过梁应与相邻框架、剪力墙或构造柱拉结，过梁截面取墙厚x300,配筋按过梁表跨度分级确定。电梯井筒圈梁、门顶过梁的设置，应以电梯深化图为准进行施工。

7.17 除注明外，工程项目尚应按照《非承重砌块墙体设计规范》进行砌块墙体的拉结、门窗安装、完成窗台构造及构造柱设置等。

门垛　墙厚　2Φ14　L　Φ8@200　柱(剪力墙)

图十六 门垛详图

8. 后浇带

8.1 本工程设置伸缩后浇带和沉降后浇带。

(1)收缩后浇带：在两侧混凝土龄期达到60天，并经设计同意后浇筑；

(2)沉降后浇带：在主体结构顶板浇筑14天后，提供沉降观测数据，经设计同意后浇筑。

8.2 后浇带应采用填充用膨胀混凝土浇筑，其强度等级比两侧混凝土提高一级，且≥C30。浇筑时温度宜低于两侧混凝土浇筑时的温度。在条件允许的情况下，后浇带应在低温时封闭。

8.3 后浇带未封闭期间，该处的钢筋应做好防腐保护。后浇带到期封闭时，应先将断开的钢筋按要求进行连接，再浇筑混凝土。

8.4 后浇带的养护时间不少于28天。后浇部位模板及支撑体系，在后浇带封闭且达到强度前，不得拆除后浇带相关区域的梁板支撑，且不应采用拆除后重新顶紧的方式。

8.5 地下室底板、外墙后浇带按10J301第50页详图①，地下室顶盖的室外部分、屋面等防水屋盖的后浇带采用第49页详图①；后浇带宽度应以平面图为准，其外防水做法以建筑图为准。

(1)外帖式橡胶止水带宽度取300，型号为B-Lx300x8。

(2)遇水膨胀止水条为缓膨型，最终膨胀率不小于250%，7天的膨胀率不应大于最终膨胀率的60％，并应在浇筑新混凝土时牢固可靠安装在预留槽内；快易收口网厚度不小于0.3mm。

(3)后浇带中梁底筋腰筋不断开，面筋隔一断一(角筋不断开)；板筋隔一断一；墙体水平筋全部断开。

(4)后浇带两侧应设置快易收口网，其厚度不小于0.3mm。

8.6 楼层(及屋面)后浇带钢筋加强构造见图十七、图十八。

(1)梁后浇带宽度范围内，箍筋作加密处理：该位置原设计箍筋间距大于150时，加密为@150；不大于150时，加密为100且不小于原设计间距。

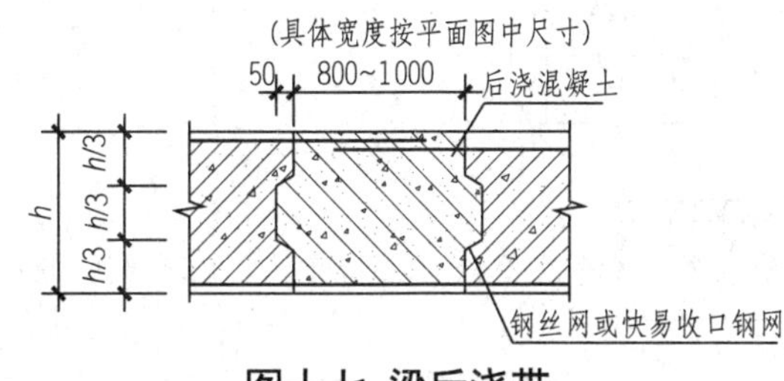

图十七 梁后浇带

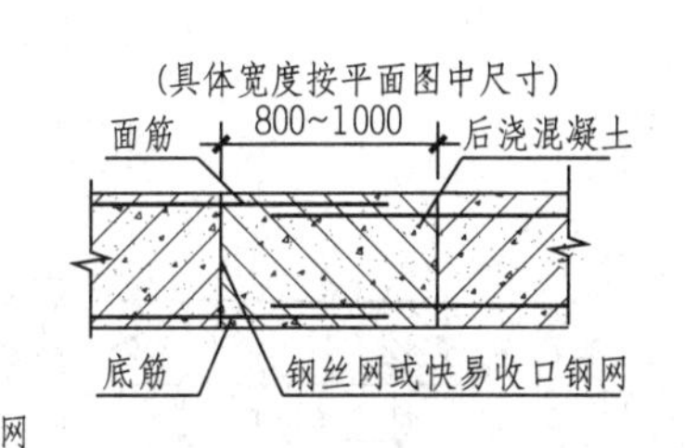

图十八 楼板后浇带

备注 REMARKS

版本及变更记录

✓—— 本次

⊖—— 新增

×—— 删除

平面示意图

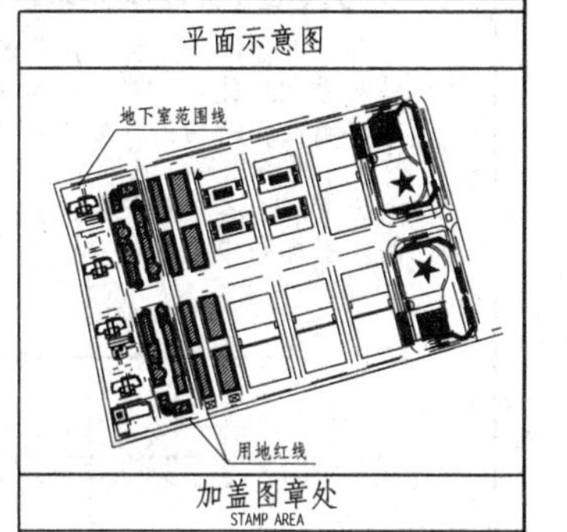

加盖图章处 STAMP AREA

签字栏 SIGN

项目总负责 GENERAL PROJECT CAPTAIN	
项目负责人 PROJECT CAPTAIN	
审 定 AUTHORIZED BY	
审 核 EXAMINED BY	
专业负责人 MAIN ENGINEER	
校 对 人 CHECKED BY	
设 计 人 DESIGNED BY	
制 图 人 DRAWN BY	

建设单位 CLIENT	××汽车城发展有限公司
工程名称 PROJECT	××汽车城一期项目(二)
单项名称 ITEM	13栋~26栋、31栋
图 名 DRAWING TITLE	结构设计总说明（五）
设计号 PROJECT No.	SZ131205

版 次 REVISION No.	日 期 DATE	版 次 REVISION No.	日 期 DATE
1	2014.11		

图 别 TYPE	结 施	图 号 No.	GS-T-02

结构设计总说明（六）

(2)当楼板在后浇带处未设板面钢筋时，增设附加面筋Φ8@200x200(垂直后浇带走向的钢筋按图廿一断开，锚入两侧混凝土内各l_a，且不少于300)。

(3).后浇带中梁底筋、腰筋不断开，面筋隔一断一(角筋不断开)；板底筋隔一断一，面筋全部断开。

8.7水池／水箱／化粪池／隔油池等防水构件侧壁，参照地下室外墙施工缝做法。

9. 与其他专业以及非结构构件相关的要求

9.1 所有预留孔洞、预埋套管，除按结构施工图纸设置外，尚须根据各专业图纸，由各工种的施工人员核对无误后施工。对于防水混凝土构件和框架柱、抗震墙等竖向受力构件，应特别重视孔洞的位置和尺寸的准确性。结构图纸标注与各专业不符时，应通知设计处理。

9.2 预留孔洞、预埋套管一般在平面图中表示，标注方式见图十九。图中的标高位置：圆洞为中心、方洞为洞底。各专业代号：A—建筑，C—通风，E—电气，W—给排水。除注明外，标高H为各层楼面结构标高。当标高中未带"H"而直接标注数据时，该数据为相对于地面±0.00的标高。

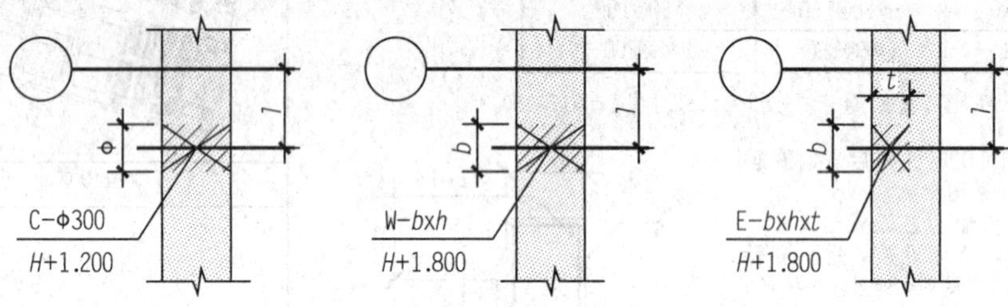

图十九 预留孔洞平面表示图

注：图中h为洞口高度

9.3 在钢筋混凝土墙、梁上水平预埋设备套管或预留洞时，除注明者外，套管(孔洞)净距不小于套管(孔洞)直径与150之中的较大值，并应满足"11G101-1梁柱墙平法补充及更改"设计图之详图④的相关要求。当现场出现套管(孔洞)的设置与本要求不符时，施工应及时通知设计处理。

9.4 水电等设备管道竖直埋设在梁内时，须符合图二十要求。埋管沿梁长度方向单列布置时，管外径$d<b/6$，双列布置时，$d<b/12$；埋管最大直径$d≤50$。若不满足上述条件，则施工应及时通知设计进行处理。

9.5 埋件的设置：建筑吊顶、门窗安装、钢楼梯、楼梯栏杆、阳台栏杆、电缆桥架、管道支架以及电梯导轨与结构构件相连时，各工种应密切配合进行埋件的埋设。不得随意采用膨胀螺栓固定。

图二十 梁上竖直埋管间距要求

9.6 防雷接地对钢筋的联网焊接要求应按电施图施工。

9.7 除注明外，防水混凝土构件、人防构件、预应力构件不允许设置膨胀螺栓。

9.8 电梯订货，必须符合本施工图提供的洞口尺寸。订货后应将电梯施工详图提交设计，进行尺寸复核、预留机房孔洞以及设置吊钩等工作。

9.9 本图提供的设备基础，应待订货后的资料复核相符时方可施工。当本施工图未绘制设备基础详图时，采用复核后的资料直接施工。

9.10 给水管敷设在建筑面层内且建筑面层无法完全覆盖水管时,可按图二十一在板面预留凹槽；凹槽深度不应大于10mm。安装水管前，预留槽表面应清扫干净，涂刷水泥基防水涂料1mm厚。

9.11 女儿墙和外露的水平挑板直段长度超过12m时，按图二十二设置温度缝。除详图中文字注明者外，女儿墙的水平筋应布置在竖向钢筋的外侧。

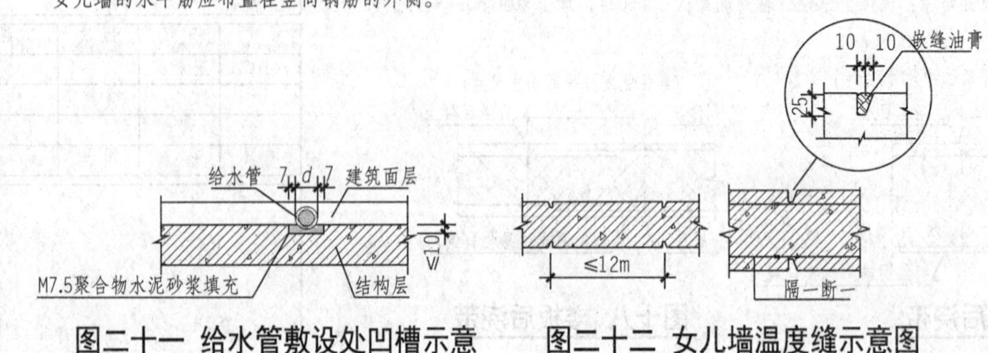

图二十一 给水管敷设处凹槽示意

图二十二 女儿墙温度缝示意图

9.12 后浇带、施工缝及其他新旧混凝土结合处，在新混凝土浇筑前将旧有混凝土表面凿毛，清除杂物、浮浆和松动砂石，用水冲洗干净并充分湿润，进行有效的界面处理后及时浇筑混凝土。

9.13 对跨度不小于4m(悬挑长度不小于2m)的现浇钢筋混凝土梁、板，其模板应起拱。除注明外，非悬挑板起拱高度为跨度(短跨)的1/600，悬挑板起拱高度为悬挑长度的1/300，非悬挑梁起拱高度为跨度的1/600，悬挑梁起拱高度为悬挑长度的1/300。

9.14 承台、地下室底板、地下室顶板、地下室内部各层楼板、裙房屋面、塔楼屋面以及所有人防构件、防水混凝土构件及其他大体积混凝土构件，必须加强养护，减少裂缝的产生。

9.15 地下室外墙、地下室顶板、屋面板（包括裙房屋面）应及时覆土、完成建筑隔热保温以及防水层等工作，否则应采取相应的隔热保温措施，控制收缩裂缝。

10. 沉降观测

10.1 当墙柱定位平面图中标明沉降观测符号"▼"时,表示本工程需要按设计要求进行施工期间和使用期间的变形观测。未标明时，应按相关施工要求进行变形观测。

10.2 观测次数：首层施工完毕即观测一次，以后每施工完一层观测一次。竣工验收以后，第一年不少于4次，第二年不少于2次，以后每年1次，直到下沉稳定为止。对于突然发生的异常情况，应及时通知设计。

10.3 观测点离地高度可取0.5m，做法可参照图二十三之明装式。采用暗装式时，杆端露出建筑面不小于50mm；明装式观测点应采取有效的保护措施。

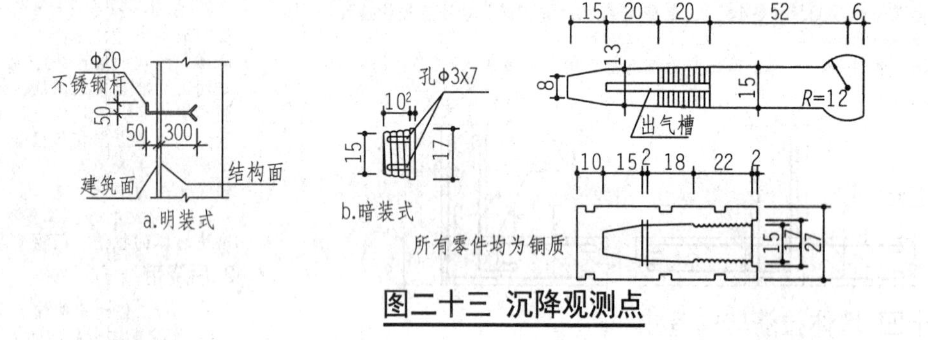

图二十三 沉降观测点

11. 结构构件代号

TKL—楼梯框架梁；TKZ—楼梯框架柱；TL—楼梯非框架梁；TZ—楼梯非框架柱；WZ—出屋面梁柱(LZ)、墙柱(QZ)AZ、DZ—各种形式的约束边缘构件、构造边缘构件编号的统称。

12. 施工安全

12.1 施工时应严格按国家、部委及地方制定的现行标准、规范、规程和规定及相关图集执行，并满足国家、地区有关安全生产的规定(包括安全生产条例)，确保施工场地、人员以及周边其他建(构)筑物、道路、管线的安全。

12.2 施工过程中的施工荷载不得超过规定要求。确有必要超出时，应进行施工方案的验算并通过相关部门审查，不应影响主体结构及其地基基础的安全度，并采取可靠的临时加固措施。

12.3 施工中如遇紧急意外情况，应及时通知各相关单位共同处理。

13. 其他

13.1 施工前应进行施工图审查、技术交底、图纸会审后方可用于施工。施工过程中，若发现设计图纸与实际情况不符、设计图纸存在矛盾、以及对图纸产生任何疑惑时，应及时通知设计。

13.2 本设计图纸未尽事宜，应符合本工程设计所采用规范、图集的要求，也应符合相关检测、施工、验收等规范要求。

13.3 本总说明的有关内容在具体设计图(平面图、详图等)中有特别说明或采用与总说明不同的做法时，应以具体设计图为准。

13.4 设计选用的所有建筑材料，均须有出厂合格证明，并应符合国家、地方及主管部门颁发的产品标准，主体结构所用的建筑材料应经检验合格、质检部门抽检合格后方可使用。

13.5 在设计使用年限内，未经技术鉴定或设计许可，不得改变结构的用途和使用环境。

13.6 建筑在设计使用年限内，应对建筑进行定期检查和维护,应遵守下列规定：

(1) 建立定期检测、维修制度；

(2) 设计中可更换的混凝土构件应按规定更换；

(3) 构件表面的防护层，应按规定维护或更换；

(4) 结构出现可见的耐久性缺陷时，应及时进行处理。

13.7 本项目施工图图纸经施工图审查合格盖章后方可施工。

备注 REMARKS

版本及变更记录

✓——本次

⊖——新增

×——删除

平面示意图

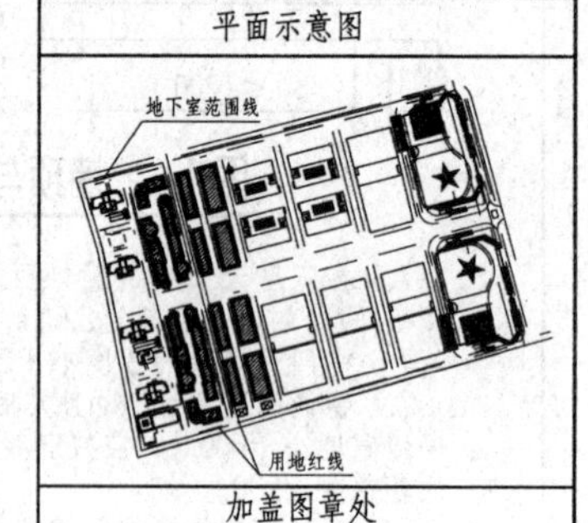

加盖图章处 STAMP AREA

签字栏 SIGN

项目总负责 GENERAL PROJECT CAPTAIN	
项目负责人 PROJECT CAPTAIN	
审定 AUTHORIZED BY	
审核 EXAMINED BY	
专业负责人 MAIN ENGINEER	
校对人 CHECKED BY	
设计人 DESIGNED BY	
制图人 DRAWN BY	

建设单位 CLIENT	××汽车城发展有限公司
工程名称 PROJECT	××汽车城一期项目(二)
单项名称 ITEM	13栋~26栋、31栋
图名 DRAWING TITLE	结构设计总说明（六）
设计号 PROJECT No.	SZ131205

版次 REVISION No.	日期 DATE	版次 REVISION No.	日期 DATE
1	2014.11		

图别 TYPE	结施	图号 No.	GS-T-02

☑14. 防水混凝土、超长结构混凝土及大体积混凝土构件施工要求

超长混凝土结构指地下室部分，包括地下室的底板(含地梁、筏板)、外墙、地下室顶板，不含与底板分别浇筑的独立基础。

14.1 混凝土的原材料通过级配试验，确定外加剂、掺合料的品种和掺量，应采用普通减水剂和中效减水剂、细度及活性不高的掺合料，避免采用吸水较大的骨料、外加剂及掺合料。

(1)水泥。

水泥强度等级宜采用42.5MPa；采用普通硅酸盐水泥。优先采用比表面积小于350m²/kg、最大碱含量3.0kg/m³、最大氯离子含量不超过胶凝材料的0.1%、水泥中C_3A含量控制在6~8%的普通硅酸盐水泥。浇筑某一工程部位时，严禁不同品牌和强度等级的水泥混用。水泥存储超过三个月后，应重新进行物理性能检验，并按复验的结果使用，但不能用于结构的重要部位。水泥的进场温度不宜大于60℃；施工时，严禁使用温度大于60℃的水泥。

(2)骨料。

粗骨料应采用碎石，不得采用卵石。在符合规范的前提下，适当提高粗骨料的粒径(可选用，5~40mm)。粗骨料可选用2级级配。细骨料应采用中粗砂，细度模数μ_f≥2.6。严格控制含泥量和粉料含量，粗骨料含泥量不应大于1.0%，细骨料含泥量不应大于3.0%。避免采用吸水较大的骨料，骨料应预先润湿，夏季砂石原材料堆放在遮阳棚内。

(3)外加剂。

采用符合现行国家标准《混凝土外加剂》(GB 8076-2008)中一等品技术要求的缓凝高效减水剂。优先采用28天收缩率比小于120%的缓凝高效减水剂。外加剂使用前，应做适应性试验，不得有假凝、速凝、分层或离析现象。鉴于不同品种缓凝高效减水剂对膨胀性能的影响，应通过混凝土限制膨胀率试验检验缓凝高效减水剂与膨胀剂的适应性。

(4)水。

搅拌混凝土水质应符合现行国家标准《混凝土用水标准》(JGJ 63-2006)的规定。

(5)粉煤灰。

应符合现行国家标准《用于水泥和混凝土中的粉煤灰》(GB/T 171596-2005)的有关规定，不应低于Ⅱ级。根据《地下防水工程质量验收规范》(GB 50208-2011)要求，粉煤灰掺量宜为胶凝材料总量的20%~30%。当水胶比小于0.45时，粉煤灰用量可适当提高。

(6)混凝土膨胀剂。

所采用的混凝土膨胀剂应符合现行国家标准《混凝土膨胀剂》(GB 23439—2009)的指标要求。混凝土膨胀剂严防受潮，在运输过程中和存储期间已受潮的严禁使用。正常存储的混凝土膨胀剂，出厂超过六个月后，应重新进行物理性能检验，合格后方可使用。上述全部材料应经检验合格，符合使用要求时方可入场。使用过程定期或不定期抽样并按相应标准中所规定的试验项目、试验方法和检验规则检验，检验结果及时报送设计或监理工程师。

14.2 水胶比和坍落度的要求

(1)泵送混凝土入泵坍落度控制在120±20mm之内。

(2)水胶比0.44~0.50。

14.3 混凝土浇筑

(1)混凝土搅拌必须达到3个基本要求:计量准确、搅拌充分、坍落度稳定。

(2)施工时应与气象站密切联系，尽可能在较低的温度环境中浇筑混凝土。在炎热季节，需采用降低原材料温度、减少混凝土运输时吸收外界热量等降温措施；夏季浇筑混凝土时，应尽量在早、晚或夜间施工，避免高温入模和钢筋胀曲情况发生。

(3)本工程以后浇带划分施工区段，区段内采用连续作业、一气呵成的方法施工。混凝土一次浇筑量要适应各环节的施工能力，区段内混凝土全部软接茬，不留施工缝，更不得出现冷缝。

(4)混凝土浇筑过程中，严禁随意向混凝土罐车或泵槽内加水。施工过程应随时与混凝土公司调度或"驻站监理"协调，确保施工现场不压车。如遇特殊情况导致混凝土坍落度不能满足泵送要求时，应由混凝土公司试验室派出技术人员现场处理。

(5)混凝土的振捣一定要严格按施工操作规程进行，振捣棒要快插慢拔，振距一定要掌握好，不能漏振、欠振和过振，以混凝土表面出现浮浆和不再沉落为度。

(6)底板混凝土的浇筑建议沿纵向每区段内采用"一个坡度、循序推进、一次到顶"的连续浇筑方法。提高泵送效率，保证及时接茬，避免冷缝的出现。

(7)浇筑混凝土时，在每个浇筑带的前后布置两道振动器，第一道布置在混凝土的卸料点，主要解决上部的振实，第二道布置在混凝土坡角处，确保下部混凝土的密实。为防止混凝土集中堆积，先振捣出料口处混凝土，形成自然流淌坡度，然后全面振捣，并严格控制振捣时间、振捣棒的移动间距和插入深度。施工时不得用振捣棒拖赶混凝土。

(8)每个浇筑带的宽度应根据现场混凝土的方量、结构物的长、宽及供料情况和泵送工艺等情况预先计算好，确保浇筑带之间软接茬，严禁出现冷缝。

(9)底板混凝土浇筑应先远后近，在浇筑中逐渐拆管。

(10)底板混凝土浇筑完毕后，在混凝土终凝前应进行原浆收面工作(建议使用打磨机)，以抑制混凝土由于塑性沉陷和表面失水过快而产生的非结构性表面塑性裂缝。已经出现的表面裂缝，应在混凝土终凝前予以修整(搓压)，应设板面标高控制点，间距5mx5m。

(11)地下室外墙混凝土采取斜面分层，阶梯式逐层推进的浇筑方法。每层浇筑厚度控制在500mm左右。

(12)墙体混凝土浇筑时，混凝土下料点应分散布置，循环推进，连续进行。避免混凝土自然流淌面过长，混凝土离散性过大，内部收缩应力集中导致开裂。

(13)不得在雨中浇筑混凝土；避免在风速较大时浇筑混凝土；难于避免时，应采取防风措施。

(14)对于厚板承台等构件，可在混凝土内部预埋管道，进行水冷散热。

(15)混凝土中心温度与表面温度的差值不应大于25℃，混凝土表面温度与大气温度的差值不应大于25℃。

(16)施工方案中，应明确混凝土的施工顺序、浇筑方式；后浇带单独区域较大时，可采用"跳仓法"。

(17)后浇带封闭时间，应选择低温时节。

14.4 混凝土养护

(1)混凝土浇筑完毕，在混凝土凝结后即需进行妥善的保温、保湿养护，避免急剧干燥、温度急剧变化、振动以及外力的扰动。

(2)混凝土的拆模与养护计划应考虑到气候条件、工程部位和断面、养护龄期等，必须达到有关规范对混凝土拆模时强度的要求。

(3)为保证新浇筑混凝土有适宜的水化硬化条件，并防止在早期混凝土因干缩等原因产生开裂，根据补偿收缩混凝土的特点，在已浇筑混凝土终凝后，现场设专人负责混凝土养护，使混凝土在养护期内始终保持在润湿状态。混凝土湿养时间不应少于14天。

(4)地下室底板等混凝土上表面养护，必须在原浆收面完成后立即进行，且完成一部分，养护一部分。

(5)底板的保湿保温：混凝土原浆收面完成后，用塑料薄膜覆盖在混凝土硬化后，采用砌坝蓄水方式养护，蓄水高度为3~5cm，养护时间不少于14d。

(6)B1F、1F楼板保温保湿：混凝土原浆收面完成后，用塑料薄膜覆盖，在混凝土硬化后，采用湿麻袋覆盖，保持混凝土表面湿润，养护时间不少于14d。

(7)与底板同时浇筑的300~500mm高外墙及顶标高低于底板面的竖向构件的养护：在混凝土浇筑完毕终凝后，从模板的上方浇水养护，拆模后应立即挂上麻袋并浇水养护(麻袋必须紧贴墙面)，使混凝土在养护期内始终保持湿润状态，总养护时间不少于14天。

(8)对于地下室外墙等不易保水的结构，在混凝土硬化后开始水管喷淋养护(在顶部沿墙体铺设软或硬水管，水管每隔10cm左右钻出水孔)，拆模时间不宜少于3d，拆模后继续喷淋养护同时用湿麻袋贴紧墙体覆盖，保持混凝土表面湿润，养护时间不少于14d。

(9)做好防风及防止太阳直射的措施，避免新浇混凝土表面过快失水和表面急剧降温，不应过早松模浇水。

(10)地下室外墙外回填土应及时尽快回填。后浇带处，可采用图二十四所示的临时挡土砖墙，或者超前止水后浇带。砖墙采用灰砂砖或黏土空心砖，顶部设置压顶圈梁240x240，纵筋4Φ12，箍筋Φ6@250(2)。砖墙高度超过3m时，沿高度每隔2m设一道圈梁。当砖墙位于地下室底板以外时，砖墙下设C25素混凝土条形基础，宽度600，厚度300。

(11)所有防水混凝土、超长混凝土及大体积混凝土构件养护完毕后，应按图纸要求及时覆土、完成建筑隔热保温以及防水层等工作，否则应采取相应的隔热保温措施，尽量控制收缩裂缝。

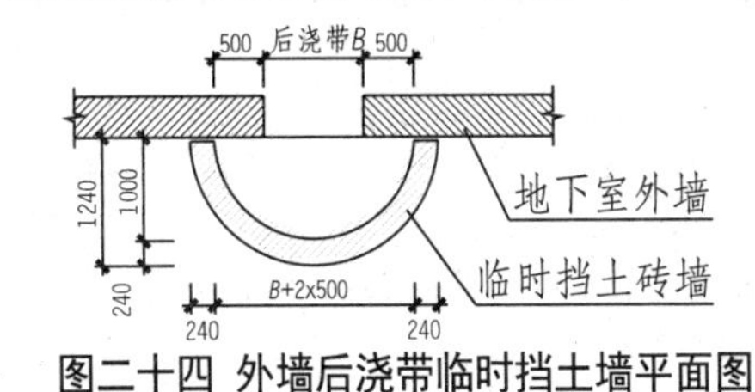

图二十四 外墙后浇带临时挡土墙平面图

14.5 混凝土施工质量检查

为了控制混凝土裂缝，加强质量检查，保证施工质量十分重要。在浇筑混凝土期间，值班小组要负责检查混凝土的调配、浇筑和养护，使其始终处于控制状态。值班小组由业主、施工单位、监理、膨胀剂供应商技术人员中抽调几名名技术人员组成。具体工作如下:

(1)采用"驻站监理"方式，在混凝土生产全过程监督混凝土配合比执行情况，加强过程控制，确保不出现人为误差。职能以下：

1)监督混凝土配合比执行情况，确保混凝土质量；

2)监督各种原材料投料情况，确保计量准确，避免少投或误投；

3)监控出厂混凝土坍落度，确保混凝土入模坍落度满足规范及施工要求；

4)随时与工地保持联系，加强车辆调度监控，在工地出现临时情况时，及时增加或减少车辆，确保工地混凝土浇筑的连续性并避免工地压车。

(2)检查混凝土泵送情况。

1)记录进场车次、每车的混凝土强度等级、浇筑部位、混凝土坍落度、和易性、温度情况，确保进场混凝土满足泵送要求；

2)随时与"驻站监理"保持联系，以便在现场出现临时状况时作出快速反应，确保混凝土浇筑的连续性；

3)监控进场混凝土坍落度、和易性，确保混凝土入模坍落度满足规范及施工要求，当上述指标不符合要求时发出整改或退货指令。

(3)检测混凝土浇筑和养护。

1)检查混凝土施工工艺，重点是后浇带的预留、混凝土浇筑、施工缝的处理；

2)底板、顶板混凝土上表面的原浆收面、蓄水养护；

3)地下室外墙自动喷淋养护措施是否符合设计与施工方案的规定。

14.6 整体要求

(1)超长结构底板、外墙混凝土强度等级采用60天(R60)强度。施工时不得随意提高混凝土强度等级。

(2)超长结构混凝土应进行抗裂性能检测。

(3)应选择具备超长结构、大体积混凝土配制经验的混凝土供应商。确保膨胀剂的掺量按照确定的方案实施。

(4)施工单位应根据施工规范、设计要求，结合自身的施工经验，制定有效的、详尽的专项施工方案，经监理、设计等相关单位复核后，严格执行。

(5)当混凝土构件出现裂缝时，应对裂缝性质进行判别。经监理、设计同意后，对于表面性裂缝，可采取表面封闭方法；贯穿性无害裂缝，可采取化学灌浆方法。

15. 施工安全

15.1 施工时应严格按国家、地区有关施工规范、规程、标准及相关图集执行，确保施工场地、人员以及周边其他建(构)筑物、道路、管线的安全。

15.2 施工过程中施工堆载不得超出本说明规定的施工荷载、使用荷载值。如确有必要超过时，应进行施工方案验算，做好可靠的临时加固措施。

15.3 施工中如遇紧急意外情况，应及时通知设计及各相关单位共同处理。

16. 其他

16.1 施工前应进行设计交底；未经技术鉴定或设计许可，不得改变结构的用途和使用环境。

16.2 在使用过程中，应对建筑进行定期维护。

备注 REMARS

版本及变更记录

✓—— 本次
⊖ —— 新增
✕ —— 删除

平面示意图

地下室范围线
用地红线

加盖图章处 STAMP AREA

签字栏 SIGN

项目总负责 GENERAL PROJECT CAPTAIN		
项目负责人 PROJECT CAPTAIN		
审定 AUTHORIZED BY		
审核 EXAMINED BY		
专业负责人 MAIN ENGINEER		
校对人 CHECKED BY		
设计人 DESIGNED BY		
制图人 DRAWN BY		

建设单位 CLIENT	××汽车城发展有限公司
工程名称 PROJECT	××汽车城一期项目(二)
单项名称 ITEM	13栋~26栋、31栋
图名 DRAWING TITLE	结构设计总说明（七）
设计号 PROJECT No.	SZ131205

版次 REVISION No.	日期 DATE	版次 REVISION No.	日期 DATE
1	2014.11		

图别 TYPE	结施	图号 No.	GS-T-03

11G101-1梁柱墙平法补充及调整(一)

1. 总则

1.1 本工程设计采用标准图集《混凝土结构施工图平面整体表示方法制图规则和构造详图》11G101-1。

1.2 本设计图对标准图进行补充、更改，除本图及相关设计图明确外，施工时应执行标准图集的要求。

2. 梁表示方法补充及更改

2.1 不带悬挑跨的单跨梁不标注梁跨数。

2.2 通长筋、架立筋表达及构造补充如下：

(1)当某一跨梁上部通长纵筋数量与集中标注不同时，将该跨上部通长筋加下横线表示在该跨上方，如4Φ20。

(2)当梁支座未标注支座上部短筋时，该跨梁通长钢筋或架立筋应锚入该支座内，并满足支座短筋的构造要求。

2.3 未注明箍筋肢数时，箍筋均为两肢箍。本工程箍筋间距除注明者外，框架梁箍筋间距均为@100/200,非框架梁均为@200,悬挑梁均为@100。未注明箍筋直径时，其直径均为Φ8(两肢箍)。

2.4 悬挑梁箍筋间距表示为“加密区/非加密区”时，仅在支座一端加密，加密长度为（$1.5h$，$l_n/3$）的较大值。

2.5 当一跨内由于梁顶标高变化引起梁截面不同时，截面尺寸表示为 bxh_1/h_2，h_1为左端截面，h_2为右端截面，或者在不同截面处分别标注bxh_1和bxh_2；本跨梁底保持平齐，配筋构造见详图① bxh_2。悬挑梁截面尺寸表示为bxh_1/h,为悬挑梁根部截面高度。

2.6 当梁端采用水平加腋时，加腋部位标注PYC_1XC_2，纵筋标注形式为“面筋；底筋”，见详图②（本详图中的钢筋非实配钢筋，仅为示意）。

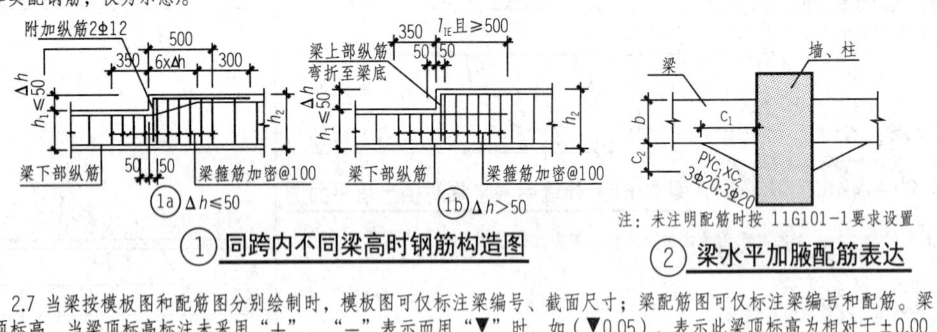

注：未注明配筋时按 11G101-1要求设置

① 同跨内不同梁高时钢筋构造图　② 梁水平加腋配筋表达

2.7 当梁按模板图和配筋图分别绘制时，模板图可仅标注梁编号、截面尺寸；梁配筋图可仅标注梁编号和配筋。梁顶标高。当梁顶标高标注未采用“+”、“−”表示而用“▼”时，如（▼0.05），表示此梁顶标高为相对于±0.00的标高。

2.8 本工程井式梁不采用单粗虚线表示，仍采用双细虚线。井式梁相交处虚线均切断，作为井式梁支座的主梁虚线示意为连续通过。施工时应结合井式梁跨数确定井式梁支座。

2.9 当梁箍筋标注形如Φ10(Φ8)@100/200(4)时，表示梁的外箍与内箍分别采用两种直径的钢筋；其中括号外所注钢筋用于外箍,括号内注用于内箍。箍筋肢数为总肢数，两者间距相同。

3. 梁纵筋延伸长度、非框架梁纵筋锚固、箍筋及腰筋设置的补充及更改

3.1 非框架梁(包括非连梁、非框支梁、非悬挑梁，本图均同指)纵筋锚固长度应满足以下要求：

(1) 在端支座位置，支座面筋应伸到支座对边再向下弯折15d；仅当支座截面较宽、面筋直段长度大于$0.6l_{ab}$时，支座面筋直段长度可取$0.6l_{ab}$、且伸过支座中心线5d后再向下弯折15d。

(2) 连续梁的面筋应在支座处拉通；当连续梁在支座两侧的面筋规格不一致、或梁面标高不同而未拉通时，其均应满足l_a的要求,标高较高梁段的面筋需伸至支座对边后下弯不少于15d；当两侧梁跨的标高相同时，两侧的梁面筋均伸至支座对边后再向下弯折不少于15d。

(3) 对于建筑物长度超过55m（框架结构）、45m（剪力墙结构）的结构平面，梁底筋伸入支座内长度不小于15d，且伸过支座中心线。

3.2 非框架梁梁端箍筋一般不作加密，如图中标注加密时，两端加密区长度按抗震等级三级的框架梁取值。当非框架梁与柱(或钢筋混凝土墙)相交时，该梁端纵筋锚固及箍筋加密应按框架梁要求；框架梁的支座为梁时，此框架梁在该支座纵筋锚固按非框架梁要求，且该端箍筋不加密。

3.3 框架梁净跨不大于3m时，第二排支座短筋自支座边外伸长度由11G101-1要求的$l_n/4$ 改为$l_n/3$。

3.4 除注明外，井式梁、交叉梁支座上部纵筋延伸长度按框架梁（三级抗震等级）要求取值。

3.5 悬挑梁纵筋构造应满足详图③所示，悬挑梁端部在封口梁内侧设置三个主梁附加箍。

3.6 梁上预留孔洞时，孔洞大小及位置应满足详图④的要求；孔洞加强措施，除注明外按以下要求：直径$D≤h/10$且≤100时，可不作加强；$D≤h/3$且≤300时，孔洞加强按详图④；其他情况见具体部位具体处理措施。

3.7 梁边与柱（或混凝土墙）边平齐时，梁纵筋应按“梁边与柱边平齐时梁筋详图”之⑤a施工。

3.8 集中力处附加钢筋

(1)除框支梁外，主次梁相交处、梁上立柱处，不论有没有设附加吊筋，均设主梁附加箍筋每侧各4个(除已注明箍筋个数外)，附加箍筋直径、肢数均与本跨箍筋相同；在井式梁相交处，两方向井式梁均设附加箍筋各3个，共4x3=12个。

(2)当附加箍筋根数不按上述要求设置，或者设置附加吊筋时，在节点处沿主梁方向引出标注，并在引出横线下方标注箍筋个数(形如2xN)，箍筋肢数同本跨箍筋；横线上方标注吊筋直径和个数。

3.9 折梁角部两侧应设附加箍筋，除注明外，单侧附加箍筋4个，间距@50；直径及肢数同该梁箍筋。

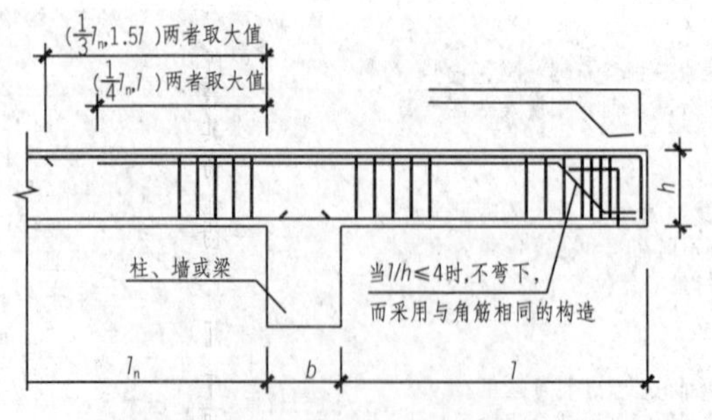

③ 悬挑梁内侧跨支座短筋构造图

注：第三排支座短筋应延伸到梁尽端不下弯，伸入内跨的长度与二排筋相同

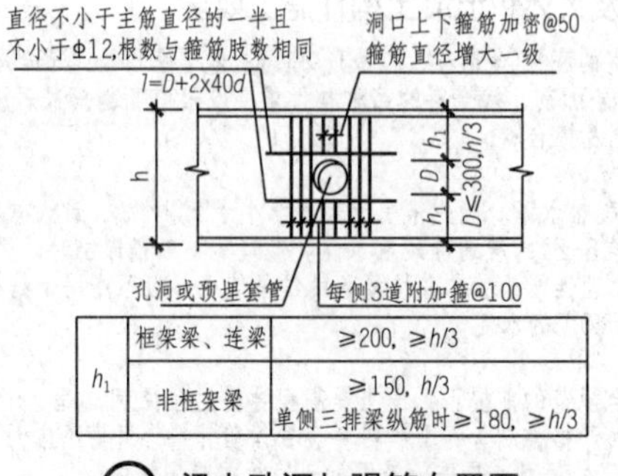

④ 梁上孔洞加强筋布置图

Φ100≤D≤Φ300时要求按本图设置加强筋

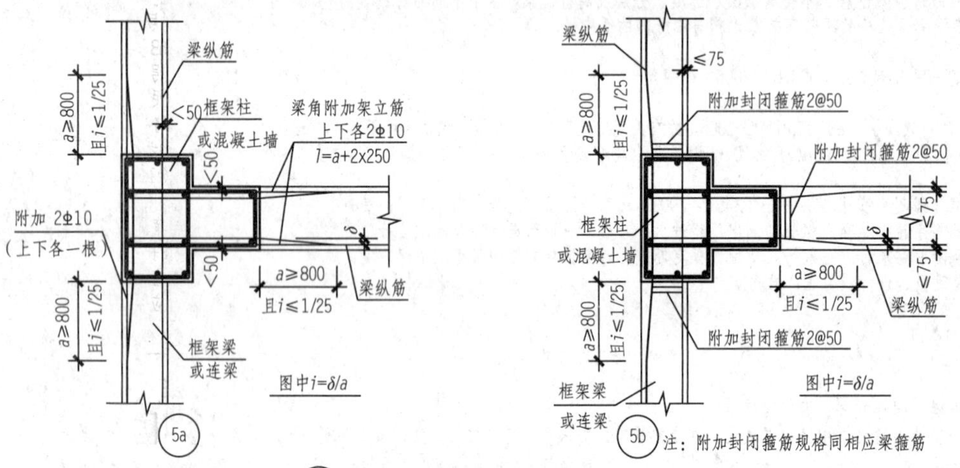

⑤ 梁边与柱边平齐时梁筋详图

3.10 当次梁截面高度大于主梁高(即次梁梁底低于主梁梁底)时,在主梁梁宽范围内设次梁附加箍筋,肢数同次梁跨中,直径比次梁箍筋大一级,见详图⑥。

3.11 梁箍筋肢数多于2肢时，按照详图⑦ 之形式1、2布置。

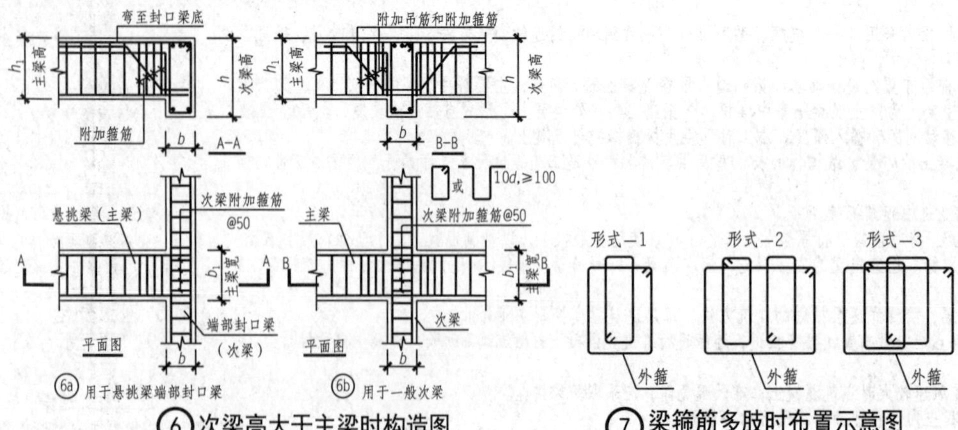

⑥ 次梁高大于主梁时构造图　⑦ 梁箍筋多肢时布置示意图

注：在次梁的端支座处，次梁底筋向上弯折锚入主梁内

3.12 梁侧面水平钢筋(腰筋)设置应按照以下要求：

(1)框支梁应沿梁腹板高度设置侧面纵筋(腰筋)，其他梁的腹板高度h_w≥450时应设置梁腰筋，均匀布置在梁腹板高度范围内,见详图 ⑧;除另行标注外，连梁腰筋按墙体水平筋拉通连续配置。

(2)框支梁腰筋的锚固长度取l_{aE}；连梁另行设置腰筋时其锚固长度取l_{aE}，顶层连梁腰筋锚固长度尚应不小于600。

备注 REMARKS

版本及变更记录

✓—— 本次
⊖ —— 新增
× —— 删除

平面示意图

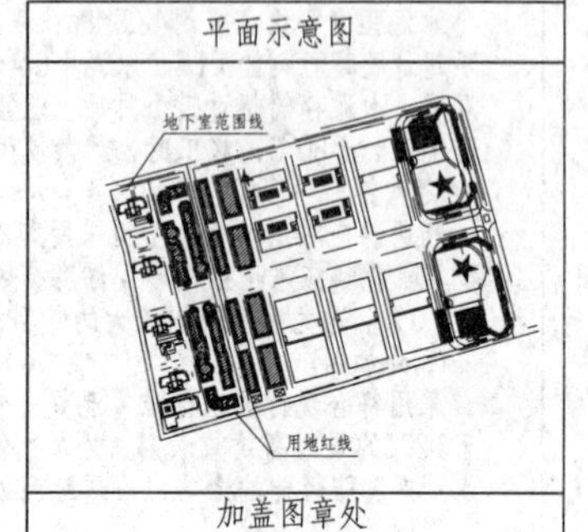

加盖图章处 STAMP AREA

签字栏 SIGN

项目总负责 GENERAL PROJECT CAPTAIN	
项目负责人 PROJECT CAPTAIN	
审 定 AUTHORIZED BY	
审 核 EXAMINED BY	
专业负责人 MAIN ENGINEER	
校 对 人 CHECKED BY	
设 计 人 DESIGNED BY	
制 图 人 DRAWN BY	

建设单位 CLIENT	××汽车城发展有限公司
工程名称 PROJECT	××汽车城一期项目(二)
单项名称 ITEM	13栋~26栋、31栋
图 名 DRAWING TITLE	11G101-1梁柱墙平法补充及调整（一）
设计号 PROJECT No.	SZ131205

版 次 REVISION No.	日 期 DATE	版 次 REVISION No.	日 期 DATE
1	2014.11		

图 别 TYPE	结 施	图 号 No.	GS-T-04

11G101-1梁柱墙平法补充及调整（二）

（3）连梁腰筋按墙体水平筋拉通设置时，可将腰筋放在梁箍筋外侧，但拉筋应勾住腰筋。
（4）除注明者外，腰筋、拉筋按详图⑧、表1、表2设置。当设有多排拉筋时，上下两排拉筋竖向错开设置。

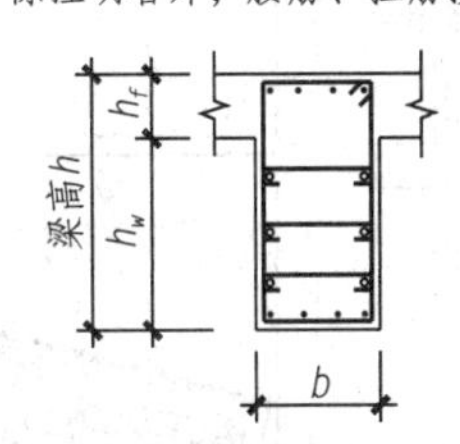

拉筋间距：
(1)连梁水平间距为2倍箍筋间距，竖向隔一拉一；
(2)框支梁水平间距为2倍非加密区箍筋间距，竖向沿梁高间距≤200；
(3)除连梁、框支梁外，沿竖向隔一拉一；水平间距为2倍非加密区箍筋间距。

拉筋直径,除注明外：
(1)梁宽b≤350时，采用Φ6；
(2)梁宽350<b≤700时，采用Φ8；
(3)梁宽b>700时，取Φ10与梁箍筋直径的较小值；
(4)框支梁拉筋取Φ12与梁箍筋直径的较小值。

⑧ **梁侧面纵筋（腰筋）和拉筋构造图**

表1 框支梁腰筋数量表

梁宽 b	b≤800	850≤b≤1000	1050≤b≤1200
腰筋(每侧)	Φ16@200	Φ18@200	Φ20@200

注：除注明者外，框支梁腰筋数量应按上表计取。

表2 梁腰筋数量表　（两侧总数）

b \ h_w	450	450<h_w<500	500<h_w≤600	600<h_w≤700	700<h_w≤800	h_w>800
b≤250	2Φ12	4Φ10	4Φ10	6Φ10	6Φ10	2Φ10@200
300	2Φ14	4Φ10	4Φ12	6Φ10	6Φ12	2Φ12@200
350 (400)	2Φ16	4Φ12	4Φ12(4Φ14)	6Φ12	6Φ12	2Φ12@200
450	2Φ18	4Φ12	4Φ14	6Φ12	6Φ14	2Φ12@200
500 (550)	2Φ18	4Φ14	4Φ14(4Φ16)	6Φ14	6Φ14	2Φ14@200
600	2Φ20	4Φ14	4Φ16	6Φ14	6Φ16	2Φ14@200
650	2Φ20	4Φ16	4Φ16	6Φ14	6Φ16	2Φ16@200
700	2Φ20	4Φ16	4Φ18	6Φ16	6Φ16	2Φ16@200
750≤b≤800	—	4Φ16	4Φ18	6Φ16	6Φ18	2Φ16@200
850≤b≤1000	—	4Φ18	4Φ20	6Φ18	6Φ20	2Φ18@200

4. 框支梁（KZL）附加要求

4.1 框支梁纵筋不宜设接头。需设置时，应采用不低于Ⅱ级的机械连接(套筒挤压或直螺纹)，同一连接区段内的接头钢筋面积不超过全部钢筋截面面积的50%，接头部位应避开墙体开洞位置。

4.2 框支梁(含梁上立柱、立混凝土墙的框架梁)上部支座短筋自支座边外伸长度由11G101-1要求的l_n/3改为 1.2l_{aE}+h(h为梁高)、l_n/3两者的较大值。

5. 地基梁、地下室底板钢筋

5.1 除注明外，地下室底板的承台、地基梁、底板纵筋锚固和连接按四级抗震要求。

5.2 基础梁、承台梁的腰筋设置等构造应符合楼层梁的要求。

5.3 地下室底板顺着梁纵筋走向的板钢筋应尽量与梁纵筋放置在同一层次，参见详图⑨ 。

6. 柱表示方法增加及更改

6.1 柱纵筋连接时，同一截面内每边的接头数宜为每边根数的一半。

6.2 柱箍筋加密范围的箍筋均加密为@100。柱纵筋采用搭接时，搭接区域内箍筋间距应加密，间距取搭接钢筋较小直径的5倍和 100mm两者之中的较小值。

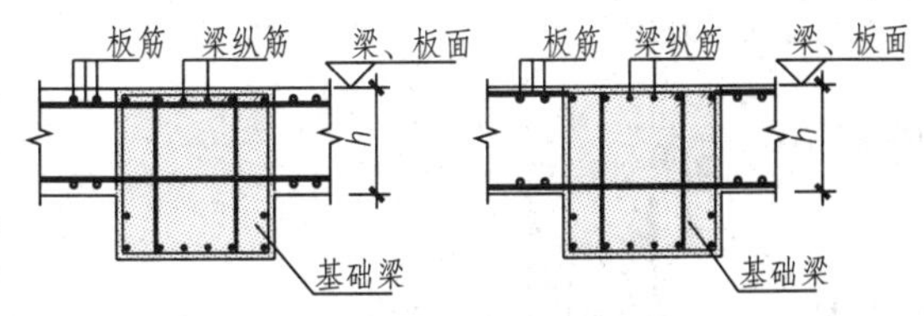

⑨ **基础梁板钢筋相互位置示意图**
（本详图不适用于人防底板）

6.3 柱箍筋形式 1（mxn）中，每边的拉筋不得多于一个，其余应设置为封闭箍筋。箍筋最大肢距：特一级、一级框架200，二、三级框架250，四级为300；柱纵筋间距不超过200。（在纵筋均匀布置的情况下，箍筋肢距超出要求时，应调整纵筋间距，使箍筋肢距、纵筋间距同时满足要求）。

6.4 当柱表中的柱箍筋标注形如Φ2(Φ10)@200时，表示柱的外箍与内箍分别采用两种直径的钢筋；其中括号外所注钢筋用于外箍，括号内用于复合内箍。

6.5 框支柱（KZZ）补充要求

(1)框支柱顶部节点钢筋比较密集时，可将梁上部钢筋(宜取第一排钢筋)与端柱外皮柱纵筋机械连接：当柱纵筋直径大于梁纵筋时，接头设在梁内；反之则设在梁底以下的柱段内。“结构设计总说明”关于钢筋连接的要求。其他未连通的柱筋尚应满足各自的锚固要求。

(2)框支柱纵筋需连接时，应采用不低于Ⅱ级的机械连接接头。

6.6 跃层柱(跨层柱)柱高H应取其上下端有双向侧向支撑之间的柱段长度。其纵筋连接位置、箍筋加密区长度等按此计算，而不应套用层高表中的层高计算。

6.7 本工程一层的柱根应按照嵌固部位要求；无地下室及地下室范围之外的框架柱，除注明外，柱根的箍筋加密区范围应满足详图⑩的要求。

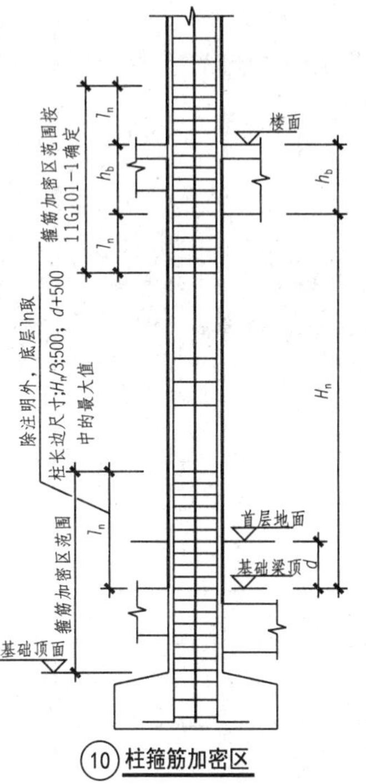

⑩ **柱箍筋加密区**

注：无基础梁时，底层H_n从基础顶面起算

7. 剪力墙(抗震墙)表示方法增加及更改

7.1 本工程剪力墙底部加强部位、约束边缘构件高度范围见“墙柱定位平面图”中的“结构楼层标高、结构层高表”。

7.2 各种形式的约束边缘构件、构造边缘构件编号统一为AZ、DZ，其构造应分别满足11G101-1的约束边缘构件、构造边缘构件的要求。

7.3 本工程边缘构件(暗柱)箍筋表达分为两种方式：

(1)当箍筋型号后不带符号“(#)”时，墙体水平筋可按11G101-1第68~71页构造；

(2)当箍筋型号后带符号“(#)”时，如Φ12@100(#),墙体水平筋的设置应满足11G101-1第72页构造及其他相关要求。

7.4 当剪力墙平面图中表明了l_c长度时，表示在暗柱(约束边缘构件阴影区)之外的非阴影区尚应设箍筋(拉筋)。此时箍筋表达形式为Φ12@100(#)-Φ10@100，短横线之前的箍筋用于暗柱(阴影区)，之后的箍筋用于非阴影区。

7.5 不带(#)箍筋配筋按表3a“边缘构件构造图（一）”附加箍筋纵向(墙肢长度方向)肢数、直径与暗柱箍筋相同。当暗柱箍筋之内外箍直径不同时，附加箍筋内箍、外箍直径分别与暗柱内外箍筋对应相同。

表3a 边缘构件构造图（一）

暗柱(阴影区) 非阴影区 架立筋(直径同相邻墙体竖向分布筋)
b_w l_1 l_2 l_c 墙体分布筋

标注图例　**箍筋实配形式**

7.6 带(#)箍筋配筋按表3b“边缘构件构造图（二）”

(1)箍筋形式图例中，在墙体水平筋位置不再重复设置箍筋，其用细实线表示；

1)箍筋1：表示与墙体水平筋位置对应的箍筋；

2)箍筋2：表示位于墙体水平筋上下排之间的加设箍筋；

(2)墙体水平筋搭接连接时，应避免在边缘构件(约束边缘构件为l_c)及其外延l_{aE}长度范围内进行连接。

(3)暗柱端部在连梁高度范围内，其端部另行设置封口拉筋，拉筋直径取暗柱箍筋的最大直径；

表3b 边缘构件构造图（二）

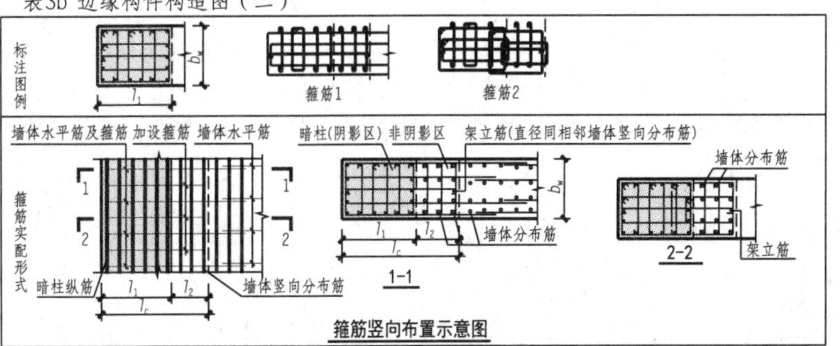

7.7 非阴影区箍筋(拉筋)与墙体竖向分布筋逐一对应设置，非阴影区箍筋的外围箍筋应与暗柱箍筋重叠一个纵筋间距。

7.8 拉筋应拉住最外层钢筋。

8. 其他

当本图所采用的钢筋，某直径的钢筋强度等级与“结构设计总说明”第3条“主要建筑材料技术指标”中的“本工程采用的直径范围”不相符时，应按总说明中确定的强度等级执行。

备注 REMARS

版本及变更记录

✓——本次
⊖——新增
×——删除

平面示意图

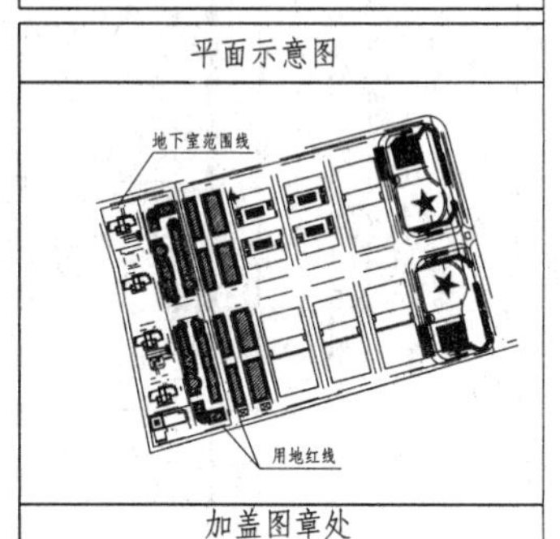

加盖图章处 STAMP AREA

签字栏 SIGN

项目总负责 GENERAL PROJECT CAPTAIN		
项目负责人 PROJECT CAPTAIN		
审　定 AUTHORIZED BY		
审　核 EXAMINED BY		
专业负责人 MAIN ENGINEER		
校 对 人 CHECKED BY		
设 计 人 DESIGNED BY		
制 图 人 DRAWN BY		

建设单位 CLIENT	××汽车城发展有限公司
工程名称 PROJECT	××汽车城一期项目(二)
单项名称 ITEM	13栋~26栋、31栋
图　名 DRAWING TITLE	11G101-1梁柱墙平法补充及调整（二）
设计号 PROJECT No.	SZ131205

版　次 REVISION No.	日　期 DATE	版　次 REVISION No.	日　期 DATE
1	2014.11		
图　别 TYPE	结　施	图　号 No.	GS-T-04

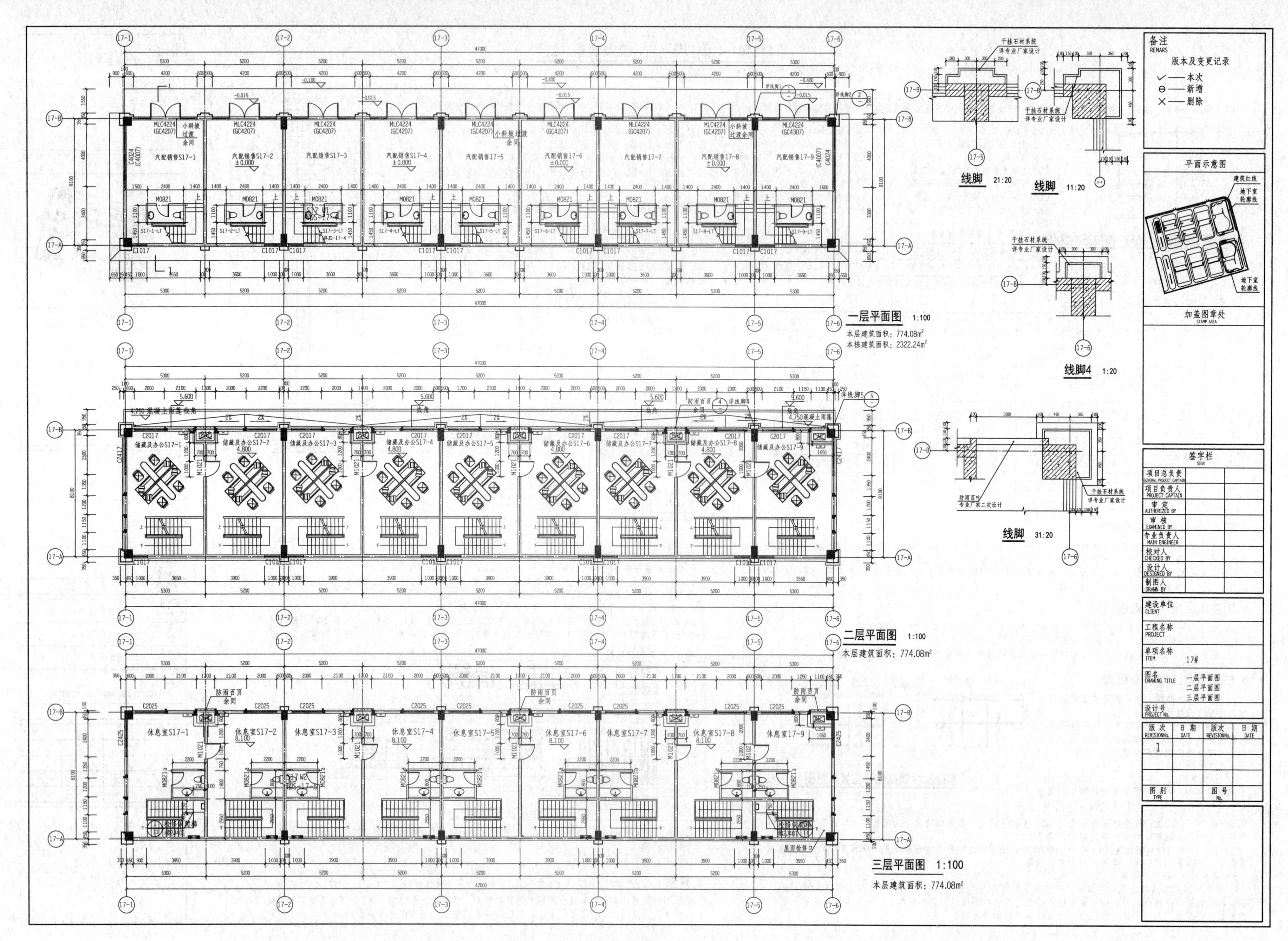

一层平面图 1:100
本层建筑面积：774.08m²
本栋建筑面积：2322.24m²
二层平面图 1:100
本层建筑面积：774.08m²
三层平面图 1:100
本层建筑面积：774.08m²
线脚 21:20
线脚 11:20
线脚4 1:20
线脚 31:20
干挂石材系统
详专业厂家设计
汽配销售S17-1
汽配销售S17-2
汽配销售S17-3
汽配销售S17-4
汽配销售17-5
汽配销售17-6
汽配销售17-7
汽配销售17-8
汽配销售S17-9
储藏及办公S17-1
储藏及办公S17-2
储藏及办公S17-3
储藏及办公S17-4
储藏及办公S17-5
储藏及办公S17-6
储藏及办公S17-7
储藏及办公S17-8
储藏及办公S17-9
休息室S17-1
休息室S17-2
休息室S17-3
休息室S17-4
休息室S17-5
休息室S17-6
休息室S17-7
休息室S17-8
休息室S17-9
小斜坡过渡余同
防雨百页余同
屋面检修孔
备注
REMARS
版本及变更记录
本次
新增
删除
平面示意图
建筑红线
地下室轮廓线
加盖图章处
STAMP AREA
签字栏
SIGN
项目总负责
GENERAL PROJECT CAPTAIN
项目负责人
PROJECT CAPTAIN
审定
AUTHORIZED BY
审核
EXAMINED BY
专业负责人
MAIN ENGINEER
校对人
CHECKED BY
设计人
DESIGNED BY
制图人
DRAWN BY
建设单位
CLIENT
工程名称
PROJECT
单项名称
ITEM
17#
图名
DRAWING TITLE
一层平面图
二层平面图
三层平面图
设计号
PROJECT No.
版次
REVISIONNo.
日期
DATE
1
图别
TYPE
图号
No.

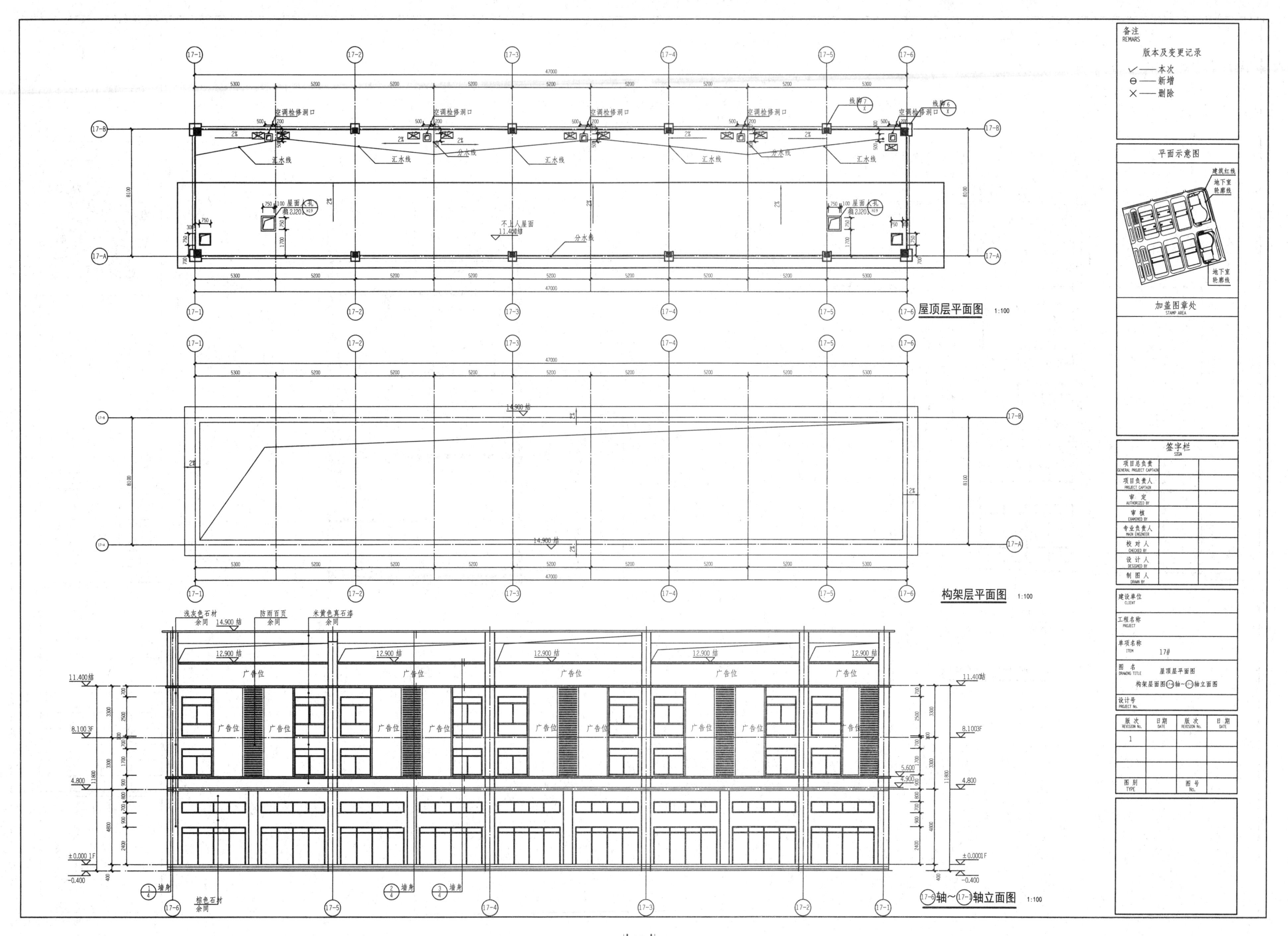

屋顶层平面图 1:100
构架层平面图 1:100
17-6轴~17-1轴立面图 1:100
备注
REMARS
版本及变更记录
本次
新增
删除
平面示意图
加盖图章处
签字栏
项目总负责
项目负责人
审定
审核
专业负责人
校对人
设计人
制图人
建设单位
工程名称
单项名称
17#
图名
屋顶层平面图
构架层面图17-6轴~17-1轴立面图
设计号
版次
日期
图别
图号
空调检修洞口
汇水线
分水线
不上人屋面
广告位
浅灰色石材
防雨百页
米黄色真石漆
棕色石材

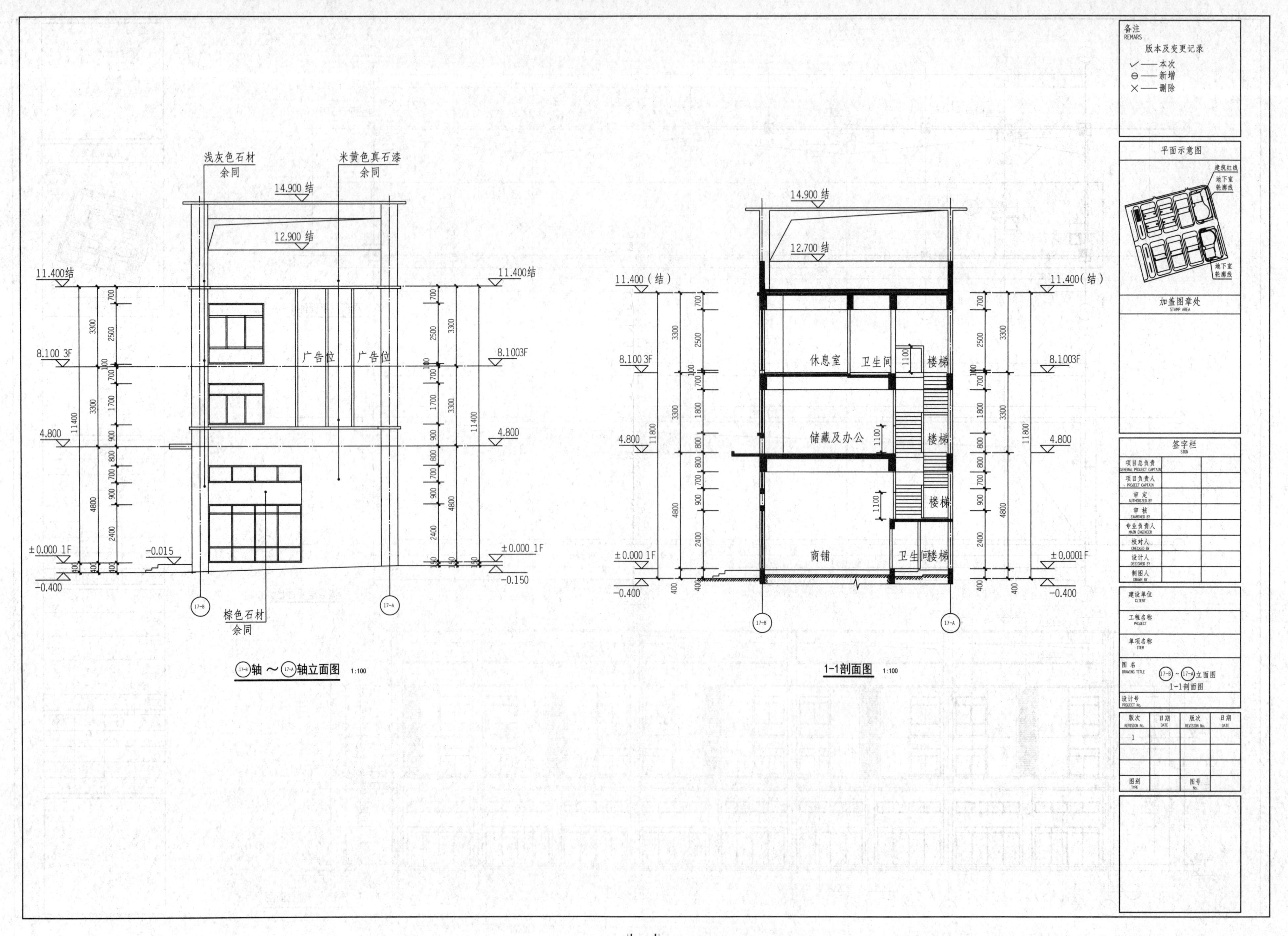

备注
REMARS
版本及变更记录
本次
新增
删除
平面示意图
建筑红线
地下室轮廓线
加盖图章处
STAMP AREA
签字栏
项目总负责
项目负责人
审定
审核
专业负责人
校对人
设计人
制图人
建设单位
工程名称
单项名称
图名
17-B ~ 17-A 立面图
1-1剖面图
设计号
版次
日期
图别
图号
浅灰色石材
余同
米黄色真石漆
余同
14.900 结
12.900 结
11.400结
8.100 3F
4.800
±0.000 1F
-0.015
-0.400
-0.150
广告位
广告位
棕色石材
余同
17-B
17-A
17-B 轴 ～ 17-A 轴立面图 1:100
12.700 结
11.400（结）
休息室
卫生间
楼梯
储藏及办公
商铺
1-1剖面图 1:100

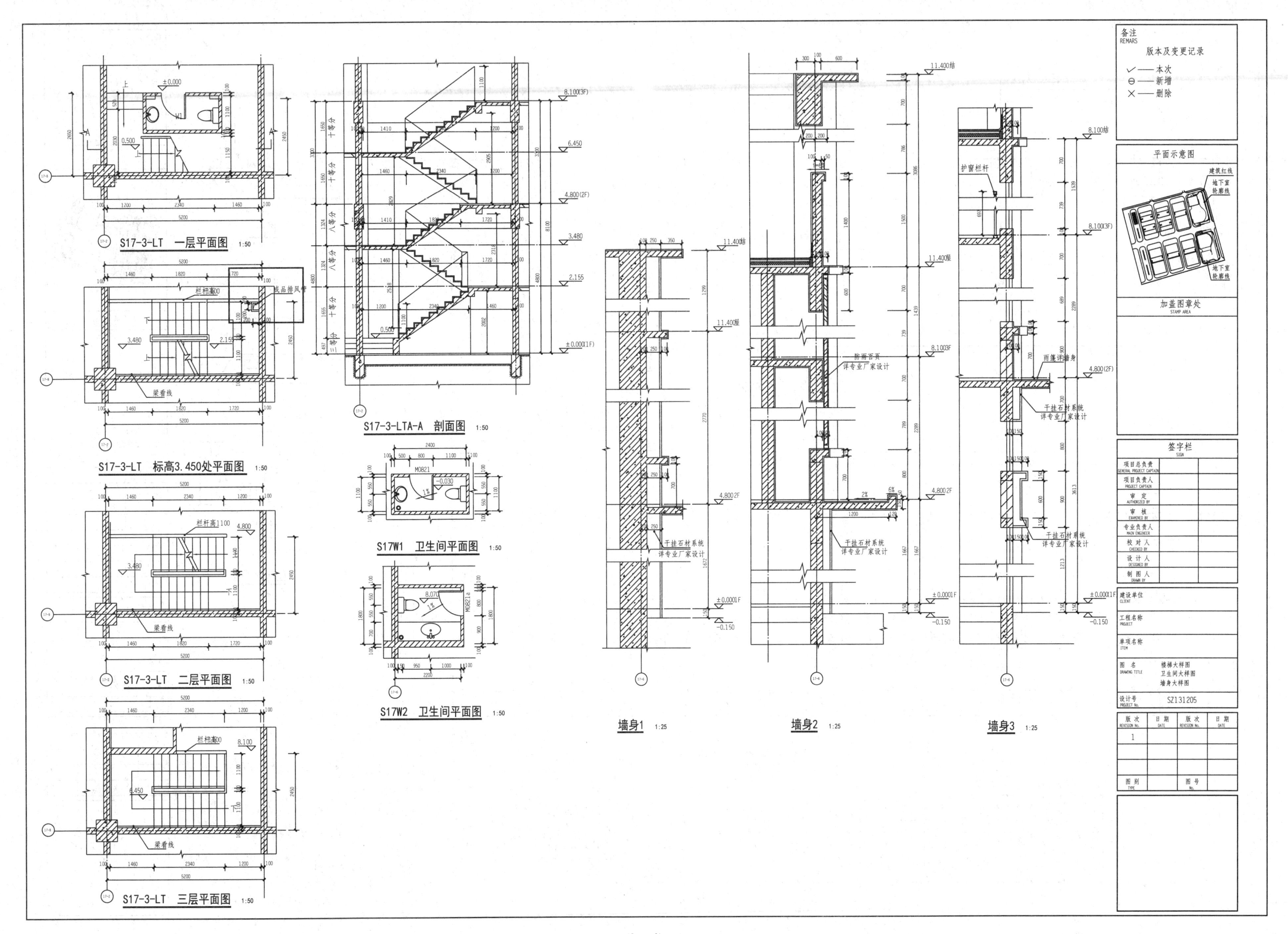
S17-3-LT 一层平面图 1:50
S17-3-LT 标高3.450处平面图 1:50
S17-3-LT 二层平面图 1:50
S17-3-LT 三层平面图 1:50
S17-3-LTA-A 剖面图 1:50
S17W1 卫生间平面图 1:50
S17W2 卫生间平面图 1:50
墙身1 1:25
墙身2 1:25
墙身3 1:25
备注 REMARS
版本及变更记录
本次
新增
删除
平面示意图
建筑红线
地下室轮廓线
加盖图章处 STAMP AREA
签字栏 SIGN
项目总负责
项目负责人
审定
审核
专业负责人
校对人
设计人
制图人
建设单位 CLIENT
工程名称 PROJECT
单项名称 ITEM
图名 DRAWING TITLE
楼梯大样图
卫生间大样图
墙身大样图
设计号 PROJECT No.
SZ131205
版次 REVISION No.
日期 DATE
1
图别 TYPE
图号 No.

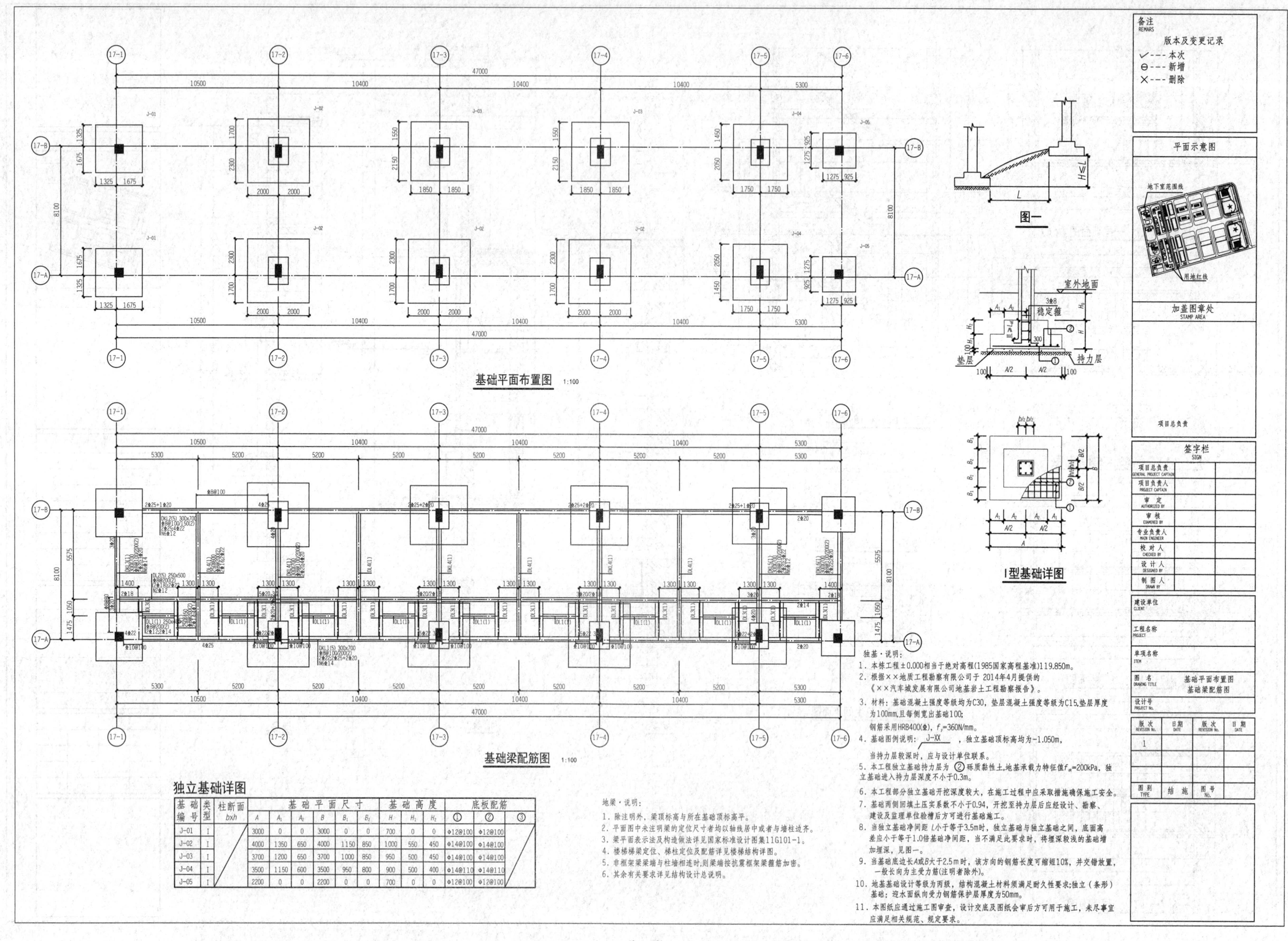

独立基础详图

基础编号	类型	柱断面 $b \times h$	基础平面尺寸 A	A_1	A_2	B	B_1	B_2	基础高度 H	H_1	H_2	底板配筋 ①	②	③
J-01	I		3000	0	0	3000	0	0	700	0	0	Φ12@100	Φ12@100	
J-02	I		4000	1350	650	4000	1150	850	1000	550	450	Φ14@100	Φ14@100	
J-03	I		3700	1200	650	3700	1000	850	950	500	450	Φ14@100	Φ14@100	
J-04	I		3500	1150	600	3500	950	800	900	500	400	Φ14@110	Φ14@110	
J-05	I		2200	0	0	2200	0	0	700	0	0	Φ12@100	Φ12@100	

备注
REMARS

版本及变更记录

✓--- 本次
⊖--- 新增
×--- 删除

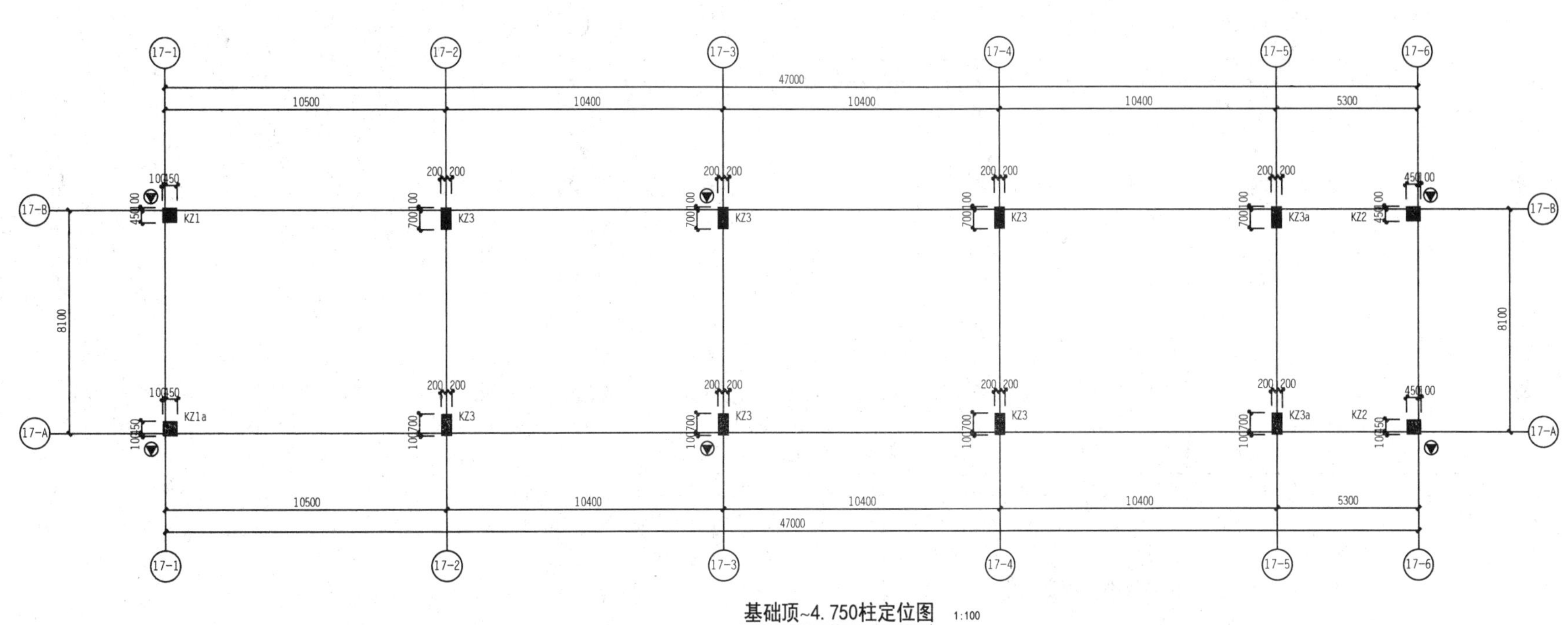

基础顶~4.750柱定位图 1:100

架构层	14.850		Φ30
屋面层	11.350	3.500	Φ30
3F	8.050	3.300	Φ30
2F	4.750	3.300	Φ30
1F	-0.050	4.800	Φ30
层号	标高 /m	层高 /m	柱强度等级

结构层高表

平面示意图

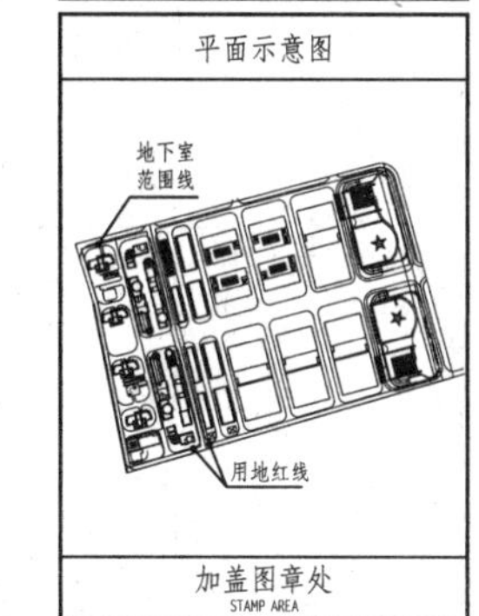

加盖图章处
STAMP AREA

柱配筋详图

编号	KZ1				KZ1a				KZ2			
截面	550, 550	550, 550	550, 550	550, 550	550, 550	550, 550	550, 550	550, 550	550, 550	550, 550	550, 550	550, 550
标高	基础顶~4.750	4.750~8.050	8.050~11.350	11.350~14.850	基础顶~4.750	4.750~8.050	8.050~11.350	11.350~14.850	基础顶~4.750	4.750~8.050	8.050~11.350	11.350~14.850
纵筋	8Φ20+4Φ16 1.10	8Φ22+4Φ18 1.34	4Φ25+8Φ22 1.66	4Φ18+8Φ14 0.74	4Φ22+8Φ20 1.33	12Φ25 1.95	4Φ22+8Φ20 1.33	4Φ18+8Φ14 0.74	4Φ18+8Φ14 0.74	12Φ18 1.01	4Φ18+8Φ14 0.74	4Φ16+8Φ14 0.67
箍筋/拉筋	Φ8@100/200 0.80	Φ8@100/200 0.80	Φ8@100/200 0.80	Φ8@100/200 0.80	Φ8@100/200 0.80	Φ8@100/200 0.80	Φ8@100/200 0.80	Φ8@100/200 0.80	Φ8@100/200 0.80	Φ8@100/200 0.80	Φ8@100/200 0.80	Φ8@100/200 0.80

编号	KZ3				KZ3a			
截面	400, 800	400, 600	400, 400	400, 400	400, 800	400, 600	400, 400	400, 400
标高	基础顶~4.750	4.750~8.050	8.050~11.350	11.350~14.850	基础顶~4.750	4.750~8.050	8.050~11.350	11.350~14.850
纵筋	4Φ20+8Φ16 0.90	4Φ25+8Φ22 2.08	4Φ16+6Φ14 1.08	4Φ16+4Φ14 0.89	4Φ20+8Φ16 0.90	8Φ18+4Φ14 1.11	4Φ16+6Φ14 1.08	4Φ16+4Φ14 0.89
箍筋/拉筋	Φ8@100 0.77	Φ8@100 0.96	Φ8@100/200 1.01	Φ8@100/200 0.86	Φ8@100 0.77	Φ8@100 0.96	Φ8@100/200 1.01	Φ8@100/200 0.86

说明：

1. 柱顶标高配合各层平面图。
2. 柱配筋详图中纵筋间距及箍筋肢距均匀排放。
3. 框架柱变截面处标高应与其周边较高板板面标高相同。
4. 柱配筋详图中图例 ∘ 示小直径钢筋；图例 • 表示大直径钢筋。
5. 本图中X方向平行于 Ⓐ 轴，Y方向平行于 ① 轴。
6. 图中 ⊛ 为沉降观测点，本图共6个，在一层墙柱上设置，观测点离地面高度0.5m。
7. 其余有关要求详见结构设计总说明。

签字栏 SIGN		
项目总负责 GENERAL PROJECT CAPTAIN		
项目负责人 PROJECT CAPTAIN		
审定 AUTHORIZED BY		
审核 EXAMINED BY		
专业负责人 MAIN ENGINEER		
校对人 CHECKED BY		
设计人 DESIGNED BY		
制图人 DRAWN BY		

建设单位 CLIENT

工程名称 PROJECT

单项名称 ITEM

图名 DRAWING TITLE 基础顶~4.750柱定位图 柱配筋详图

设计号 PROJECT No.

版次 REVISION No.	日期 DATE	版次 REVISION No.	日期 DATE
1			
图别 TYPE	结施	图号 No.	

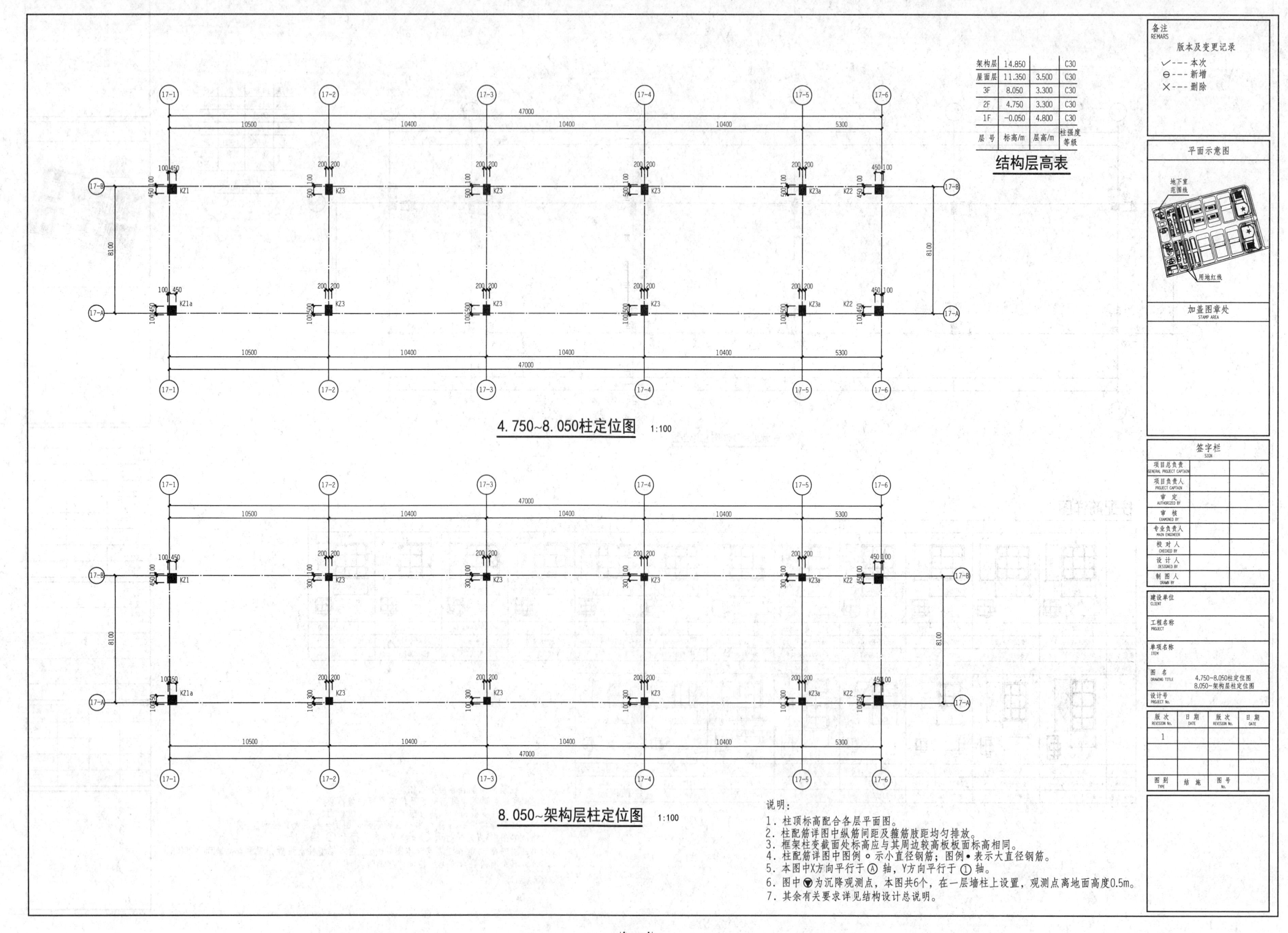
结构层高表
架构层 14.850 C30
屋面层 11.350 3.500 C30
3F 8.050 3.300 C30
2F 4.750 3.300 C30
1F -0.050 4.800 C30
层号 标高/m 层高/m 柱强度等级
4.750~8.050柱定位图 1:100
8.050~架构层柱定位图 1:100
47000
10500
10400
5300
8100
KZ1
KZ1a
KZ2
KZ3
KZ3a
说明:
1. 柱顶标高配合各层平面图。
2. 柱配筋详图中纵筋间距及箍筋肢距均匀排放。
3. 框架柱变截面处标高应与其周边较高板板面标高相同。
4. 柱配筋详图中图例∘示小直径钢筋；图例•表示大直径钢筋。
5. 本图中X方向平行于Ⓐ轴，Y方向平行于①轴。
6. 图中为沉降观测点，本图共6个，在一层墙柱上设置，观测点离地面高度0.5m。
7. 其余有关要求详见结构设计总说明。
备注
REMARS
版本及变更记录
本次
新增
删除
平面示意图
地下室范围线
用地红线
加盖图章处
STAMP AREA
签字栏
SIGN
项目总负责
项目负责人
审定
审核
专业负责人
校对人
设计人
制图人
建设单位
工程名称
单项名称
图名
4.750~8.050柱定位图
8.050~架构层柱定位图
设计号
版次
日期
1
图别
结施
图号

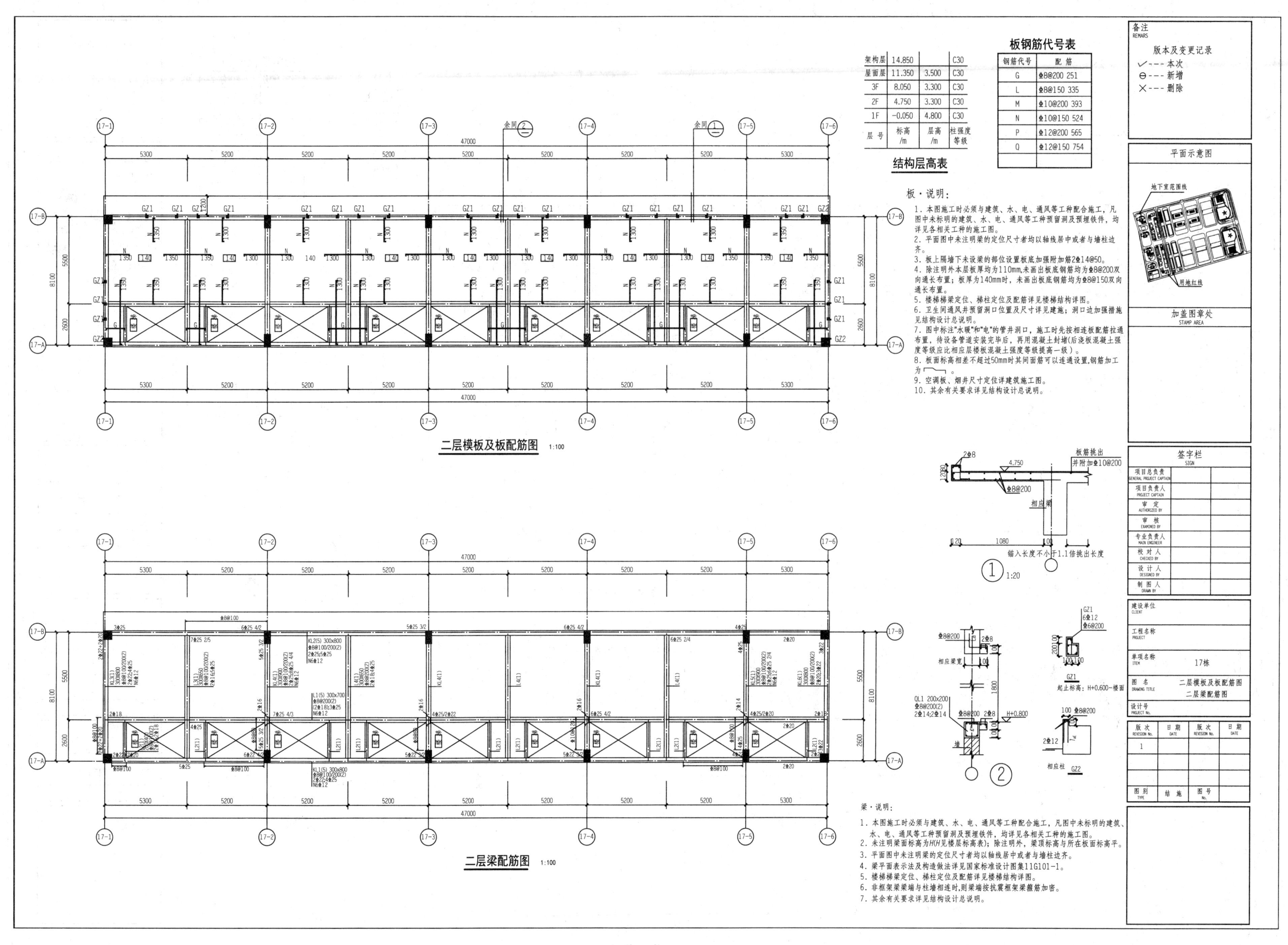

架构层	14.850		C30
屋面层	11.350	3.500	C30
3F	8.050	3.300	C30
2F	4.750	3.300	C30
1F	-0.050	4.800	C30
层 号	标高 /m	层高 /m	柱强度等级

结构层高表

板钢筋代号表

钢筋代号	配 筋
G	⌀8@200 251
L	⌀8@150 335
M	⌀10@200 393
N	⌀10@150 524
P	⌀12@200 565
Q	⌀12@150 754

板·说明：

1. 本图施工时必须与建筑、水、电、通风等工种配合施工，凡图中未标明的建筑、水、电、通风等工种预留洞及预埋铁件，均详见各相关工种的施工图。
2. 平面图中未注明梁的定位尺寸者均以轴线居中或者与墙柱边齐。
3. 板上隔墙下未设梁的部位设置板底加强附加筋2⌀14@50。
4. 除注明外本层板厚均为110mm,未画出板底钢筋均为⌀8@200双向通长布置；板厚为140mm时，未画出板底钢筋均为⌀8@150双向通长布置。
5. 楼梯梯梁定位、梯柱定位及配筋详见楼梯结构详图。
6. 卫生间通风井预留洞口位置及尺寸详见建施；洞口边加强措施见结构设计总说明。
7. 图中标注"水暖"和"电"的管井洞口，施工时先按相连板配筋拉通布置，待设备管道安装完毕后，再用混凝土封堵(后浇板混凝土强度等级应比相应层楼板混凝土强度等级提高一级）。
8. 板面标高相差不超过50mm时其间面筋可以连通设置,钢筋加工为⌐⌐ 。
9. 空调板、烟井尺寸定位详建筑施工图。
10. 其余有关要求详见结构设计总说明。

梁·说明：

1. 本图施工时必须与建筑、水、电、通风等工种配合施工，凡图中未标明的建筑、水、电、通风等工种预留洞及预埋铁件，均详见各相关工种的施工图。
2. 未注明梁面标高为H(H见楼层标高表)；除注明外，梁顶标高与所在板面标高平。
3. 平面图中未注明梁的定位尺寸者均以轴线居中或者与墙柱边齐。
4. 梁平面表示法及构造做法详见国家标准设计图集11G101-1。
5. 楼梯梯梁定位、梯柱定位及配筋详见楼梯结构详图。
6. 非框架梁梁端与柱墙相连时,则梁端按抗震框架梁箍筋加密。
7. 其余有关要求详见结构设计总说明。

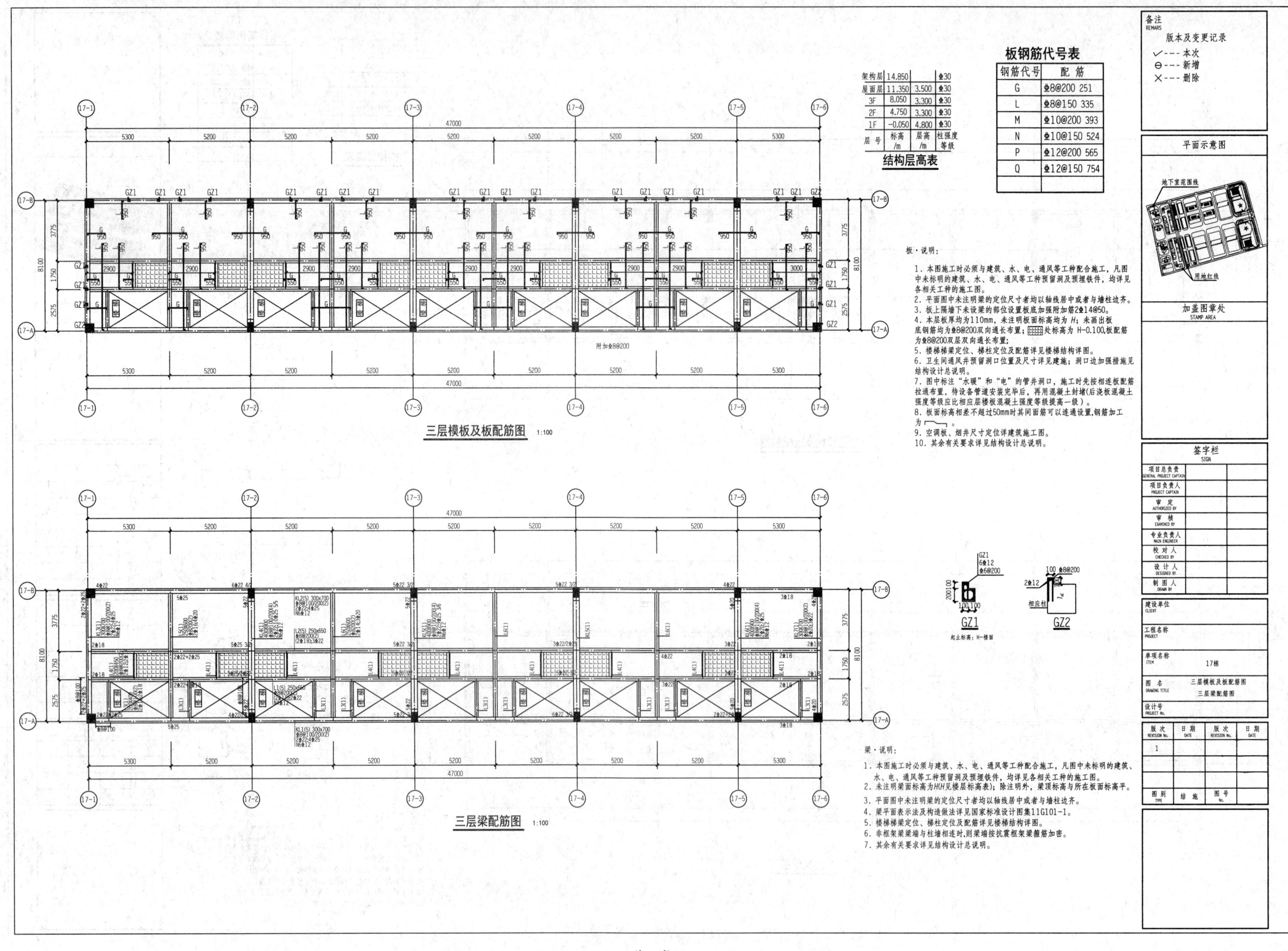
板钢筋代号表
钢筋代号 配筋
G ⌀8@200 251
L ⌀8@150 335
M ⌀10@200 393
N ⌀10@150 524
P ⌀12@200 565
Q ⌀12@150 754
结构层高表
架构层 14.850 ⌀30
屋面层 11.350 3.500 ⌀30
3F 8.050 3.300 ⌀30
2F 4.750 3.300 ⌀30
1F -0.050 4.800 ⌀30
层号 标高/m 层高/m 柱强度等级
三层模板及板配筋图 1:100
三层梁配筋图 1:100
板·说明：
1. 本图施工时必须与建筑、水、电、通风等工种配合施工，凡图中未标明的建筑、水、电、通风等工种预留洞及预埋铁件，均详见各相关工种的施工图。
2. 平面图中未注明梁的定位尺寸者均以轴线居中或者与墙柱边齐。
3. 板上隔墙下未设梁的部位设置板底加强附加筋2⌀14@50。
4. 本层板厚均为110mm，未注明板面标高均为H；未画出板底钢筋均为⌀8@200双向通长布置；处标高为H-0.100,板配筋为⌀8@200双层双向通长布置；
5. 楼梯梯梁定位、梯柱定位及配筋详见楼梯结构详图。
6. 卫生间通风井预留洞口位置及尺寸详见建施；洞口边加强措施见结构设计总说明。
7. 图中标注"水暖"和"电"的管井洞口，施工时先按相连板配筋拉通布置，待设备管道安装完毕后，再用混凝土封堵(后浇板混凝土强度等级应比相应层楼板混凝土强度等级提高一级)。
8. 板面标高相差不超过50mm时其间面筋可以连通设置,钢筋加工为 。
9. 空调板、烟井尺寸定位详建筑施工图。
10. 其余有关要求详见结构设计总说明。
梁·说明：
1. 本图施工时必须与建筑、水、电、通风等工种配合施工，凡图中未标明的建筑、水、电、通风等工种预留洞及预埋铁件，均详见各相关工种的施工图。
2. 未注明梁面标高为H(H见楼层标高表)；除注明外，梁顶标高与所在板面标高平。
3. 平面图中未注明梁的定位尺寸者均以轴线居中或者与墙柱边齐。
4. 梁平面表示法及构造做法详见国家标准设计图集11G101-1。
5. 楼梯梯梁定位、梯柱定位及配筋详见楼梯结构详图。
6. 非框架梁梁端与柱墙相连时,则梁端按抗震框架梁箍筋加密。
7. 其余有关要求详见结构设计总说明。
GZ1
GZ2
备注
REMARKS
版本及变更记录
本次
新增
删除
平面示意图
加盖图章处
STAMP AREA
签字栏
SIGN
建设单位
工程名称
单项名称
17栋
图名
三层模板及板配筋图
三层梁配筋图
设计号
图别
结施
图号

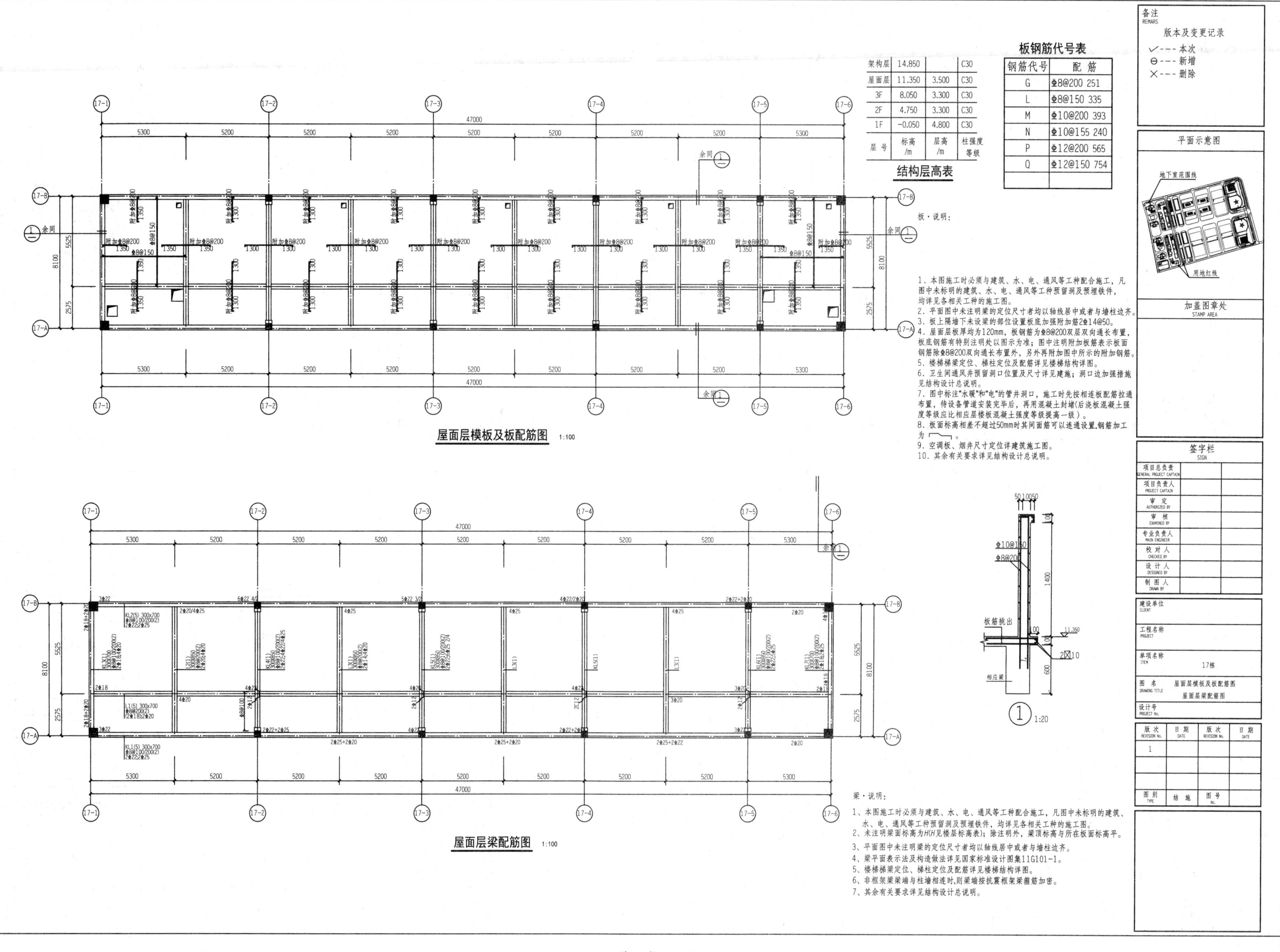

架构层	14.850		C30
屋面层	11.350	3.500	C30
3F	8.050	3.300	C30
2F	4.750	3.300	C30
1F	-0.050	4.800	C30
层号	标高/m	层高/m	柱强度等级

钢筋代号	配筋
G	Φ8@200 251
L	Φ8@150 335
M	Φ10@200 393
N	Φ10@155 240
P	Φ12@200 565
Q	Φ12@150 754

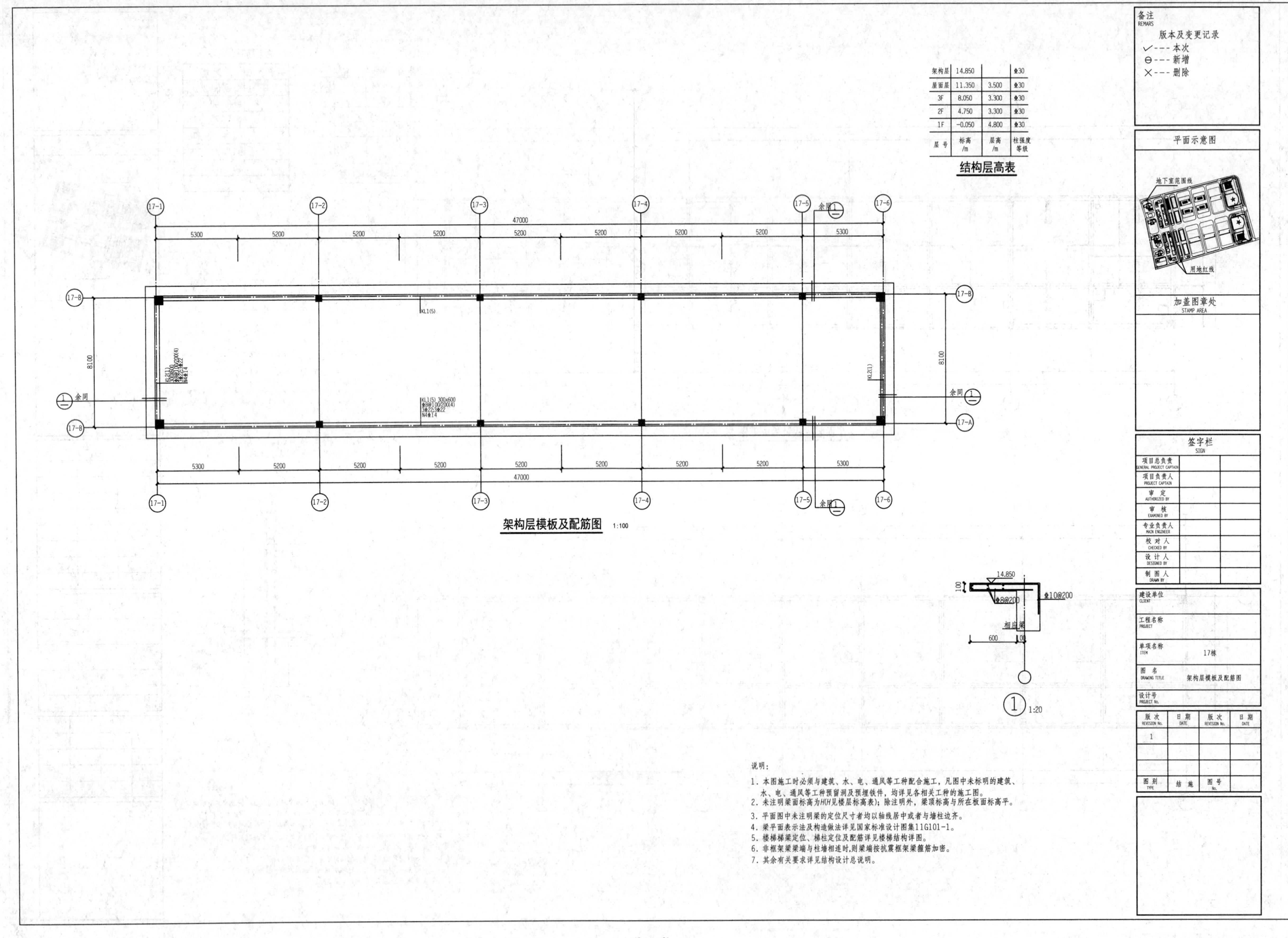

架构层	14.850		Φ30
屋面层	11.350	3.500	Φ30
3F	8.050	3.300	Φ30
2F	4.750	3.300	Φ30
1F	-0.050	4.800	Φ30
层 号	标高 /m	层高 /m	柱强度等级

结构层高表

架构层模板及配筋图 1:100

说明：

1. 本图施工时必须与建筑、水、电、通风等工种配合施工，凡图中未标明的建筑、水、电、通风等工种预留洞及预埋铁件，均详见各相关工种的施工图。
2. 未注明梁面标高为H(H见楼层标高表)；除注明外，梁顶标高与所在板面标高平。
3. 平面图中未注明梁的定位尺寸者均以轴线居中或者与墙柱边齐。
4. 梁平面表示法及构造做法详见国家标准设计图集11G101-1。
5. 楼梯梯梁定位、梯柱定位及配筋详见楼梯结构详图。
6. 非框架梁梁端与柱墙相连时,则梁端按抗震框架梁箍筋加密。
7. 其余有关要求详见结构设计总说明。

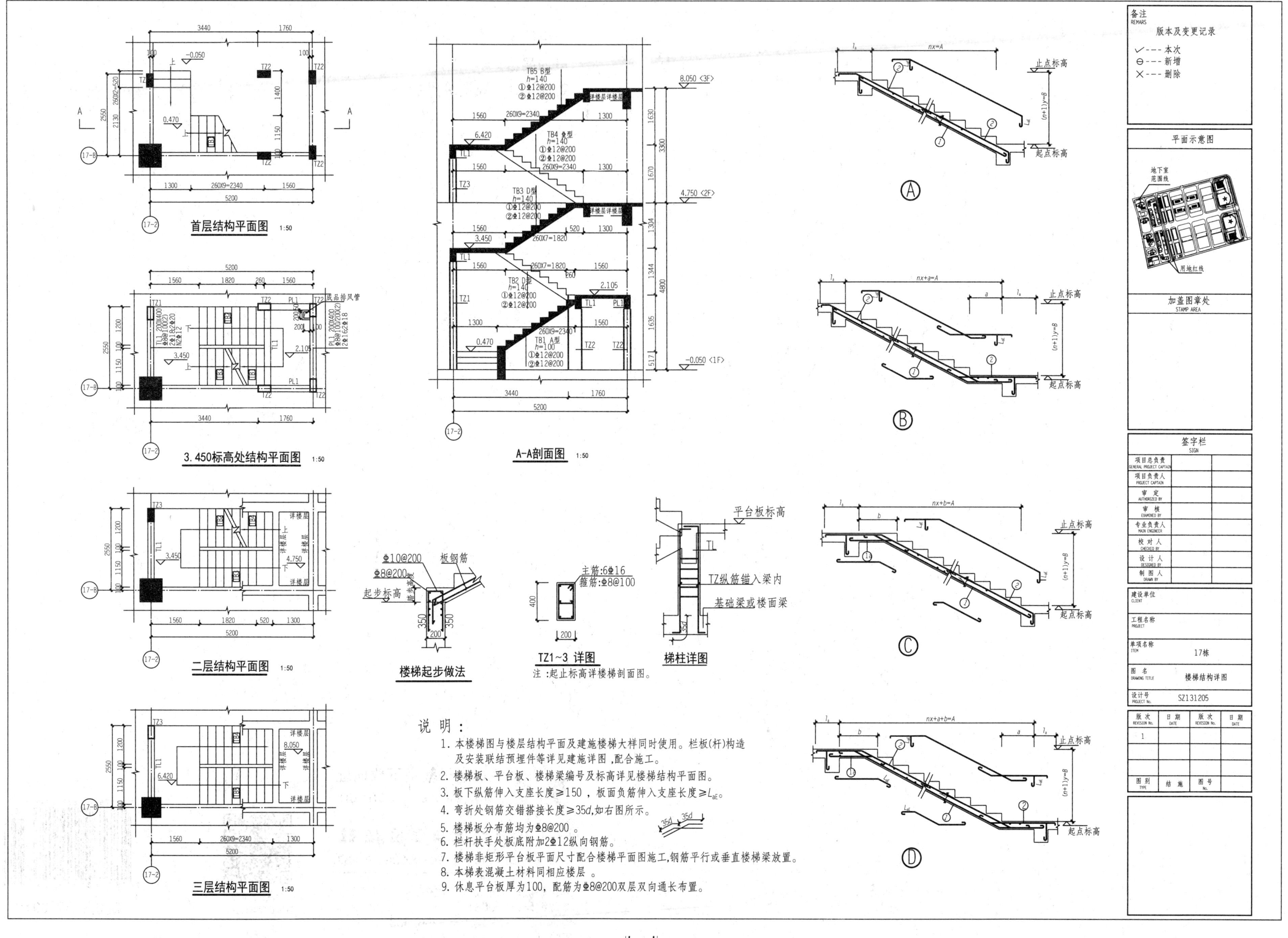
首层结构平面图 1:50
3.450标高处结构平面图 1:50
二层结构平面图 1:50
三层结构平面图 1:50
A-A剖面图 1:50
楼梯起步做法
TZ1~3 详图
注 :起止标高详楼梯剖面图。
梯柱详图
主筋:6⏀16
箍筋:⏀8@100
⏀10@200
⏀8@200
板钢筋
起步标高
平台板标高
TZ纵筋锚入梁内
基础梁或楼面梁
止点标高
起点标高
nx=A
nx+a=A
nx+b=A
nx+a+b=A
(n+1)y=B
A
B
C
D
说 明 :
1. 本楼梯图与楼层结构平面及建施楼梯大样图同时使用。栏板(杆)构造及安装联结预埋件等详见建施详图，配合施工。
2. 楼梯板、平台板、楼梯梁编号及标高详见楼梯结构平面图。
3. 板下纵筋伸入支座长度≥150 ，板面负筋伸入支座长度≥L_{aE}。
4. 弯折处钢筋交错搭接长度≥35d,如右图所示。
5. 楼梯板分布筋均为⏀8@200 。
6. 栏杆扶手处板底附加2⏀12纵向钢筋。
7. 楼梯非矩形平台板平面尺寸配合楼梯平面图施工,钢筋平行或垂直楼梯梁放置。
8. 本梯表混凝土材料同相应楼层 。
9. 休息平台板厚为100, 配筋为⏀8@200双层双向通长布置。
备注 REMARS
版本及变更记录
✓--- 本次
⊖--- 新增
✕--- 删除
平面示意图
加盖图章处 STAMP AREA
签字栏 SIGN
项目总负责
项目负责人
审 定
审 核
专业负责人
校 对 人
设 计 人
制 图 人
建设单位 CLIENT
工程名称 PROJECT
单项名称 ITEM
17栋
图 名 DRAWING TITLE
楼梯结构详图
设计号 PROJECT No.
SZ131205
版 次
日 期
1
图 别
结 施
图 号

项目编辑：李　鹏
策划编辑：李　鹏
封面设计：风语纵贯线

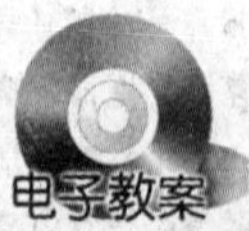

免费电子教案下载地址
www.bitpress.com.cn

北京理工大学出版社
BEIJING INSTITUTE OF TECHNOLOGY PRESS

通信地址：北京市海淀区中关村南大街5号
邮政编码：100081
电话：010-68944723 82562903
网址：www.bitpress.com.cn

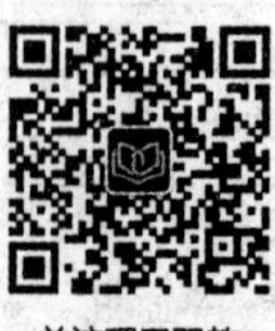

关注理工职教
获取优质学习资源

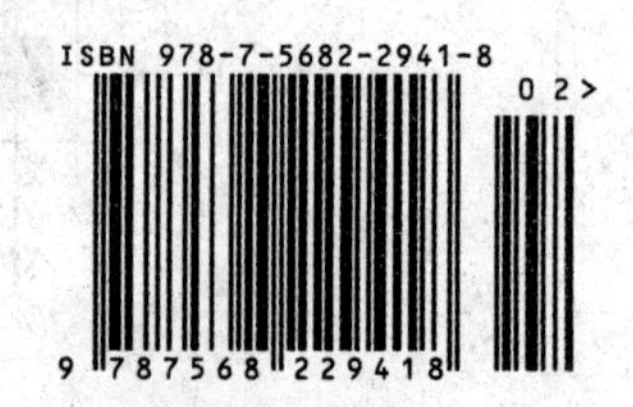

定价：39.00元